景观分析
——发掘空间与场所的潜力

Landscape Analysis:
Investigating the Potentials of Space and Place

[丹麦]

佩尔·施密特（Per Stahlschmidt）

西蒙·斯菲尔德（Simon Swaffield）

约根·普里姆达尔（Jorgen Primdahl） 著

维贝克·内勒曼（Vibeke Nellemann）

罗丹 彭琳 译

中国建筑工业出版社

著作权合同登记图字：01-2019-3696 号

图书在版编目（CIP）数据

景观分析：发掘空间与场所的潜力 /（丹）佩尔·施密特（Per Stahlschmidt）等著；罗丹，彭琳译 .— 北京：中国建筑工业出版社，2022.3（2023.12 重印）

书名原文：Landscape Analysis: Investigating the Potentials of Space and Place, 1st Edition

ISBN 978-7-112-27011-8

Ⅰ.①景… Ⅱ.①佩… ②罗… ③彭… Ⅲ.①景观设计 Ⅳ.① TU983

中国版本图书馆 CIP 数据核字（2021）第 269769 号

Landscape Analysis: Investigating the Potentials of Space and Place, 1st Edition/ Per Stahlschmidt, Vibeke Nellemann, Jorgen Primdahl, Simon Swaffield, 9781138927155

Copyright ©2017 Per Stahlschmidt, Vibeke Nellemann, Jorgen Primdahl, Simon Swaffield

本书受国家自然科学基金 51708052、51708053，重庆大学教学改革研究项目 2021SZ12、2019Y38 共同资助。

责任编辑：张鹏伟　董苏华

责任校对：王　烨

景观分析

——发掘空间与场所的潜力

Landscape Analysis: Investigating the Potentials of Space and Place

[丹麦]　佩尔·施密特（Per Stahlschmidt）

西蒙·斯菲尔德（Simon Swaffield）

约根·普里姆达尔（Jorgen Primdahl）　著

维贝克·内勒曼（Vibeke Nellemann）

罗丹　彭琳　译

*

中国建筑工业出版社出版、发行（北京海淀三里河路 9 号）

各地新华书店、建筑书店经销

北京雅盈中佳图文设计公司制版

北京中科印刷有限公司印刷

*

开本：787 毫米 ×1092 毫米　1/16　印张：13$\frac{1}{4}$　字数：271 千字

2022 年 7 月第一版　2023 年 12 月第二次印刷

定价：**60.00** 元

ISBN 978-7-112-27011-8

（38655）

序

回想起来仿佛是很遥远的事情了，当时英国的"英格兰和威尔士乡村委员会"（Countryside Commission for England and Wales）委托曼彻斯特大学，希望对方开发一种景观评估的"权威"方法。他们正在探寻一种可靠且可重复的专业方法来评估县域（分区）尺度下的"景观品质"。这是为了响应当时新引入的结构规划体系，以识别那些应该受到保护的高质量的景观区域，以免受经济发展的负面影响。经过五年的深入研究和考察，这种"曼彻斯特方法"（Manchester Method）最终得以发表（Robinson et al.，1976），但是很快又被放进抽屉里，迅速地被遗忘了。

自从这种曾被指望能够取代所有方法的方法消失以来，景观分析已然取得了长足发展，不仅体现在分析多样性的提升和各种方法的使用上，也包括以此来回应社会发展对景观的诉求。这也正是本书的主要内容。

两种主要的批评导致"曼彻斯特方法"被迅速遗忘。一种是批评方法缺乏实用性，认为它需要投入过多的时间和人力资源才能应用于现实环境中，并且大量依赖计算机的使用，而当时数字化运用并不普遍。另一种批评可能更多是基于"本能反应"：他们质疑怎么能将美学判断简化为客观的测量和统计处理，用计算机输出的结果表示出来？但是，即使在今天，无处不在的计算机及其强大的功能都没有（或者说至少还没有）让专业人士广泛采用"曼彻斯特方法"中包含的景观美学定量法。随着建模在研究中被广泛使用，专业评估肯定会利用数字技术进行图绘和可视化，但是评估的基础仍然是基于逻辑论证的多要素权衡，而不是运用给定的公式。

在欧洲，《欧洲景观公约》（ELC）是推动景观分析进一步发展的重要因素，尤其是明确观察者作为景观概念中不可或缺的一部分，以及重申景观涵盖了整个国土空间的事实。但是，即使是在 ELC 出现之前，景观问题已经从单纯地关注"最好的地方在哪里？"，发展为一套更加精细的方法以回应"我们正在处理何种类型的景观，哪些要素决定了它们的特征，其状况如何，以及对未来景观管理的意义是什么？"等问题。

不仅仅是针对景观分析提出的问题变得更加多样和复杂。ELC 对景观的定义"……

自然（自然科学领域）和／或人类因素（人文学科领域）作用和相互作用的结果"也突出了专业方法需涉及领域的广泛性，该定义强调景观特征本质上是一个跨学科问题。

虽然 ELC 被广泛采用并广受赞誉，但也包含了一些看起来存在矛盾的条款。比如尽管文中反复体现了提高公众意识的重要性以及更广大公众在识别景观价值中的作用，特别是条约第 6 款中明确要求签署国要重视公众赋予的景观价值。但在同一款条约中也提出了进行国际专家和技术经验交流的必要性，以及研究的重要性——因此，"自上而下"和"自下而上"的景观分析方法似乎具有同等的重要性。

本书的一项重要成果是，它不仅阐明了我们当前对不断变化的景观提出的一系列问题，同时也能帮助我们平衡好处理景观价值等重要议题与其他广泛需求和目标之间的关系。这包括从视觉分析到特征评估，从类型学到偏好研究，并将诸如景观生态学和景观考古学等学科的方法和关注点纳入景观规划。本书所呈现的景观分析内容几乎涵盖了景观概念的所有层次。《景观分析——发掘空间与场所的潜力》既提供了严谨的理论基础，又提供了丰富的实例，帮助学生和从业人员夯实基础，以便他们将来能够进一步拓展专业领域。

理查德·斯蒂尔斯（Richard Stiles）
奥地利，维也纳工业大学 风景园林专业教授
风景园林勒·诺特尔计划网络（LE：NOTRE Thematic Network）长期协调员

前　言

　　撰写本书的想法来自佩尔·施密特（Per Stahlschmidt）和维贝克·内勒曼（Vibeke Nellemann）所著的丹麦文版教科书《景观分析方法》（Metoder til Landskabsanalyse，2009）。原作后来分两个版本发行，被斯堪的纳维亚半岛的从业人员和学生广泛使用。本次英语版本是丹麦语版本的扩展，内容更广。我们希望广大读者能同斯堪的纳维亚的读者一样，能从本书获取实用的文字和案例，并获得启发。

　　近年来，景观规划实践以及借助 GIS 和 CAD 分析景观时空变化的技术能力发生了巨大变化。新的、更加综合包容的规划流程逐步形成，客户和社会都需要新的景观分析方法。本书在概述了景观分析要求和原则的基础上，提供了部分体现新的分析需求的理论背景和实践案例。讨论重点聚焦于整体的景观尺度，而不是某个具体的场地或区域。

　　在一本相对简短而基础的教材中将理论基础与分析实践中非常具体的案例结合起来，是一项挑战。我们希望本书能有助于加深学生和从业者对景观分析要求和方法的理解，并希望这些案例可以作为有用的灵感来源，同时为分析方法和表达技巧的选取提供有益指导。

致　谢

本书在很大程度上是基于丹麦作者佩尔·施密特和维贝克·内勒曼的著作《景观分析方法》，该书于2009年在哥本哈根由格罗恩特·米尔乔（Groent Miljoe）出版。我们感谢丹麦编辑索伦·霍尔格森（Soeren Holgersen）提供数据，并支持此英文扩展版本的编写。我们感谢多尔特·西尔弗（Dorte Silver）首次将原作翻译成英文，感谢花园文化基金会（Havekulturfonden）和玛戈特–托瓦尔德雷耶（the Margot and Thorvald Dreyer）基金会对翻译的赞助。感谢两位匿名审稿人对我们的文稿提供全面而宝贵的意见。

我们要感谢丹麦文化宫廷署的莫滕·施泰纳克（Morten Stenak）博士为第4章"历史分析"提供了大量的专业建议。还要感谢景观设计师乌菲·韦诺埃（Uffe Wainoe）绘制并提供了图8.4中的地图，感谢提供图8.6的梅兰妮·唐斯（Melanie Downes）和埃卡兰格（Eckart Lange），以及建筑师莫滕·施密特（Morten Stahlschmidt）对终稿的意见。

同时感谢哥本哈根大学规划与景观学院的同事，特别是奥利·霍斯·卡斯珀森（Ole Hjorth Caspersen）博士与帕特里克·卡尔森（Patrick Karlsson）博士共同制作了图3.4–图3.10，安德斯·布塞（Anders Busse）教授对图3.24进行了翻译，景观设计师萨拉·福尔维格（Sara Folvig）对文中的部分插图进行了改绘，汇编了参考文献清单，以及卡米拉·汉森·穆勒（Kamilla Hansen Moeller）提供的建议和支持。

最后，我们要感谢来自Routledge出版社的萨德利（Sadé Lee）和克里斯蒂娜·奥布莱恩（Christina O'Brien）对这项工作的委托和给予的耐心。

目　录

第1章
景观的变化与分析的必要性

引言

在丹尼尔·笛福（Daniel Defoe）的著名小说中，主人公鲁滨逊·克鲁索（Robinson Crusoe）在漂流到荒岛后就着手寻找合适的住所：

> 我很快发现目前居住的地方不太合适，一部分是由于离海太近，地势低湿，不大卫生；而更重要的是附近没有淡水。因此我得找一个比较卫生、比较方便的地方作为住所。
>
> 我根据自己的情况，拟定了选择住所的几个条件：第一，必须如我上面所说的，要卫生，要有淡水；第二，要能遮阳；第三，要能避免猛兽或人类的突然袭击；第四，要能看到大海，万一上帝让什么船只经过，我就不至于失去脱险的机会，因为我始终存有一线希望，迟早能摆脱目前的困境。
>
> 我按上述条件去寻找一个合适的地点，发现了一处山前的平地，冲着平地的山崖又陡又直，像一堵墙，不论人或野兽都无法从上面下来袭击我。在山岩上，有一块凹进去的地方，看上去好像是一个山洞的进口，但实际上并没有山洞，也无法进入。
>
> 笛福，1719

小说中的鲁滨逊依据上述标准来选择住所，并以这些标准来理解周边的景观，从而寻找到满足他要求的场地。鲁滨逊对于需求、顾虑的思考，解决问题的方式以及最终的决策就涉及了本书讨论的基本问题。

世界上的景观奇妙多样，包括了城市、乡村或是荒野，但它们有一个共同的特征——都在不断地发生变化，有时迅速，有时缓慢。目前，越来越多的景观变化是人类活动所导致的。我们正处于"人类世"中：一个无论在场地、流域、城市、区域乃至全球的各种尺度下，人口增长与人类活动都主导着景观变化的时代。其中有些变化是有意为之，是为人类的生活、工作、娱乐、游憩提供空间，或是产出能源、食物、木材以及其他资源。也有一些变化是超出预期的，如人类引发的气候变化。但显而易见的是，我们未来的福祉取决于对所有景观将如何变化作出明智的决定，以确保地球的健康得以持续，并使人们现在和将来的需求始终能够得到满足。

为了作出明智的决定，我们需要理解景观的结构与功能是如何发生变化，并且如何变得变好。过去许多关于景观变化的判断是基于当地居民日常积累的知识与经验，这些经验在当下还是重要的。然而迅速发展的科学观念，复杂的现代技术、生态与社会条件以及相互影响的全球化过程意味着，没有任何个人或小团体能够在没有系统化方法的支持下，完全理解景观的变化。面对这一现状，我们需要进行分析。

图 1.1

本书基于决策语境，阐述景观分析如何为各种形式的政策、规划和设计决策提供依据。它能够为学生、老师和新的从业者在不同环境和目标下开展景观分析提供指导。由于最初的编写目的是用于教学而非技术实操，因此并不强调具体的景观分析技术在操作层面的内容，而是通过案例来概述分析的类型和各自的应用特点，从而帮助起步阶段的从业者们认识到系统性分析的可能性和潜力。

内容和结构

本书章节的内容和顺序体现了实践和教学的目标。第 2 章聚焦于什么是景观价值，包括什么样的价值和谁的价值。第 3 章至第 8 章探讨了与具体分析类型相关的程序与技术。采用这种结构的目的是为了指导人们选择适合的方法来完成工作或学习任务，这些任务会因景观分析而受益。不同的分析方法适用于不同的任务，每一种都适用于研究特定的景观分析对象。

具体的分析任务包括调查自然要素、生物物理属性以及景观的地表覆盖情况（第 3 章）、历史（第 4 章）、空间模式与视觉特征（第 5 章）。第 6 章探讨了景观特征评估，而第 7 章聚焦于选址分析，第 8 章则探讨了景观影响评估及前景分析。最后，第 9 章对前面的技术性章节进行了总结，并讨论了当前扩大公众参与并建构景观民主理论的进展。同时最后一章还讨论了分析如何成为一种调查形式，从而融入研究项目或者作为其中的一部分来创造新的知识。

第 3 章至第 8 章的每一章都包含一个公开发表过的案例，用以描述和解释特定的方法与相关的技术。除了典型案例之外也会进行相关技术的补充说明，每种附带 1—2 个案例。书中主要案例的选取考虑了其实用性、层级与资料的完整性。实用性意味着这一案例是与章节内容相关的实用素材。层级指的是这一技术适合初学者学习。而完整性则表示主要案例对其运用的方法及体系进行了系统阐述。

补充案例的选取注重实用性、在应用领域的代表性以及图解的简明性。优先考虑的是原则与方法理念的清楚传达，而不是视觉表现上的复杂性。通常案例展示出来的是分析的结果而不是过程，但目的是让读者通过研究结果来深入了解整个过程。

书中的术语是基于当代的北欧实践，其很大程度上受到欧洲景观公约（European Landscape Convention）和实践指导性文件的影响，包括英国和丹麦的景观特征评估程序。从下面的景观和分析的概念开始，我们在相关的章节中给出了具体的定义。

景观概念——起源和定义

景观具有多种定义，对其含义也有多重解释。欧洲景观公约（ELC，2000）提供了一个具有实用性和影响力的概念框架，它将景观定义为一片被人所感知的区域，其特征由自然和人为的活动及其相互作用决定（图 1.2）。根据这一定义，对"景观"的描述是有语境的，取决于人们如何感知特定"景观"所包含的对象。本书采用的便是 ELC 所阐述的这一广义景观的概念。这不同于某些其他学科或语境下的概念，要么只关注物理形态和属性，忽略文化层面，要么聚焦感知和视觉维度，只把景观作为一种图形视觉现象来对待。

图 1.2　法尔奈斯庄园，意大利

尽管程序化的景观分析历史很短，但居所和建筑必须考虑景观。罗马北部的法尔奈斯庄园（Palazzo Farnese）以前是一个要塞，16 世纪由维尼奥拉（Vignola）重建为避暑别墅。这座房子坐落在卡普拉罗拉村上方的一个倾斜的山脊上，可以俯瞰乡村风光——既有防御功能，也有娱乐功能。

来源：Stahlschmidt 摄

　　大量的研究从景观起源自北欧的概念开始追溯景观语言和文化的发展，它最早表示对土地和水域的集体管理（Olwig，1996），之后概念沿着多个交叉路径演进。当代许多学者聚焦作为生活场所的景观，对景观与个人和社群身份的关系，以及景观作为动态的社会生态系统的功能越来越感兴趣。关于景观概念及其从不同学科角度的分析和表述可以在 Jackson（1984）、Olwig（1996）、Corner（1999）、Antrop（2000）、Buttimer（2001）、Jones（2003）、Mitchell（2001）、Wylie（2007）和 Howard（2011）的文章中找到。

　　景观概念也与尺度相关。弗拉姆斯塔德和里德（1998，p.267）将景观定义为"一块面积包含生态和管理所需的形态与过程的、让人感兴趣的区域"。他们提出，在实践过程中，景观的尺度在几百平方米到几百平方千米之间不等。这一描述包含了很大的尺度范围，反映了景观定义与含义的多样性——实际上有些尺度甚至更大，达到数百万平方千米。安托罗普（2000）将景观区分为一种类型的区域（如农业景观）和一种特定区域（如阿根廷潘帕斯高原），这种分类很有效地表明，依据不同目的，景观既可以是普遍的，又可以是特定的。

分析的概念

分析意味着将景观这一整体概念拆分开来，然后审视各部分间的相互关系，以达到加深理解的目的。"分析"（Analysis）一词源于希腊语的"*analusis*"，词根是"*analuein*"[ana 对应 up，luein 对应 loosen，意思是"unloose"（解决）]，意思是通过分解其组成部分，对"事物要素或结构的细致审视"（牛津词典，2011）。它通常与"综合"（Synthesis）相对应。"综合"指的是"将事物组合到一起"，通常都在分析之后。实际上，出于实践活动的需求，大多数（即便不是所有的）专业"景观分析"都包括综合阶段，或与综合过程密切相关。科学家用分析的手段获取知识，而景观设计师和空间规划者则致力于用实践的分析手段来改善个人与群体的生活环境。因此，本书所说的景观分析是一种对景观的研究，目的是了解景观的特征、结构和功能，以便对其未来的状况和管理作出政策、规划或设计上的决策。

景观分析的方法很多，一种很早但现在仍然实用的土地分析的分类（Mabbutt，1968）区分了各种方法，有定量法（例如，2000 年安托罗普在分析土壤、地质等对象时所运用的方法）、空间或区域的方法（有时也称为景观的方法），即观察使得一个区域具有可识别性的要素，以及谱系方法：观察土地（或景观）是如何发展的，也可以称为一种历史学的分析。这些方法并不是相互排斥的，有时候一种景观分析可以采用多种分析方法。

景观分析的丰富内容来自这些不断深化的理解，但这些理解中也包含了潜在的问题。不同的分析者经常对景观本质有不同理解，并主张不同的分析方法和表现方式。因此在着手景观分析时，必须弄清所分析景观的类型与分析的性质与意图。一个好的开始是探究为什么需要进行景观分析，而这一点与景观的变化有不可分割的联系。

变化的景观

景观总是在不断地发生着变化，而且变化有时会十分剧烈。变化的原因和景观本身一样丰富，因此若要分析如何有意地塑造和引导景观变化，则需要了解景观的性质以及变化的原因和驱动因素。这一认识的核心是，每一个景观本身都代表着一个实体：一个可以从其结构、功能和变化过程来描述的整体（Forman & Godron，1986），以及一个局部区域，它是更广泛网络的一部分，在这个网络中，决策和行动会互相影响，还会受到其他（甚至很远）地方的决策与行动的影响（Giddens，1990）。驱动当代景观变化的因素包括生物物理方面的过程与结果——包含自然发生的和人为影响的（生物物理层面包括地形、海拔、土壤类型、河网、植被覆盖、生态交错带、建筑设施等）。其他关键驱动因素还包含当地景观主体的活动，这些活动持续塑造着当地的景观。

下文是由 OECD（1997）制定，随后被欧盟委员会（European Commission，2006）补充的一套基于景观变化"驱动因素"及其响应的分析框架，这套框架（图 1.3）在分析区域尺度和长时间跨度下的景观变化时具有很高的实用性。依据这一模型：

驱动力（例如，粮食价格的大幅上涨）导致了压力（例如，种植一年生作物的田地的扩张），这反过来又改变了景观的状态（例如，减少了多年生植被的面积比例），影响了生物多样性（例如，半自然栖息地的破碎化与减少），这又诱发环境管理政策的响应（例如，调整自然保护区法律，以更好地保护有价值的半自然栖息地），而最终改善后的法律又成为新的景观变化驱动因素（例如，新的政策促使农民退耕还林、还草等）。

景观的主要驱动力既包括自然因素，如侵蚀和海岸改造，也包括人为因素，如技术变革、市场、城市化和公共政策干预，其中也包括景观规划。景观的生物物理特征是由其地质、地貌和生物地理的历史和动态所决定的，自然因素驱动的景观变化往往是阶段性的，长时间的渐进演化过程中不时会发生旱涝、滑坡、地震等重大灾害。自然因素是景观变化的首要驱动力。了解自然因素塑造生物物理模式和过程的方式对所有景观决策至关重要，因此，生物物理调查和分析是大多数景观评估的一部分。

第二大驱动力是科技发展，包括：

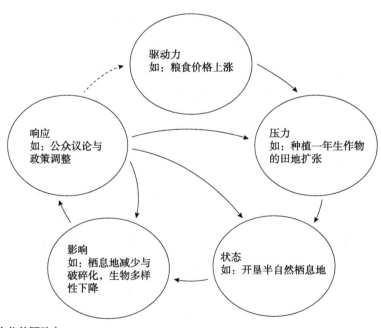

图 1.3　景观变化的驱动力

框架图说明了驱动力如何开启景观变化的过程：压力 – 状态 – 影响 – 响应（DPSIR）

来源：欧盟委员会（2006）

- 新的农业生产系统与技术（如牧场管理、灌溉系统或更高效的犁与拖拉机）；
- 新的交通方式或交通效率方面的改变；
- 新的信息科技；
- 新能源或工业产品的升级；
- 休闲或居住方式的变化。

新技术往往一波接一波地引进，对土地利用的规模和模式有着很大的影响。因此，景观分析需要理解影响景观的管理体系。

金融、食品、矿产、能源以及土地市场是变化的第三大驱动力，市场的变动对景观有着深远的影响。伴随着交通技术（火车与货船）和储藏设施（筒仓）的革新，欧洲粮食市场于 19 世纪开始海外进口。其结果是整个欧洲的农业景观都发生了剧烈的变化，这一变化同时也发生在欧洲的殖民地以及向欧洲提供粮食的国家。在当今全球化时代，由于新的市场、组织体系和信息流的产生，类似的广泛变化正在发生。这影响了景观附带的使用价值。

城市化（包括反城市化与新型基础设施）是景观变化的第四大驱动力。乡村人口离开土地后进入城镇，城镇人口增长，而城镇居民到乡村地区旅游休闲，景观特征随之发生变化。这些变化既微妙又剧烈。因此，分析城乡互动和关系至关重要。

第五驱动力是公共政策干预（含空间规划），对景观变化有着多方面的影响。有的公共政策能直接对特定景观的状况进行管理，例如，对自然或文化遗产景观的保护，塞尔曼（Selman，2006）将这一类型称为景观政策。而更典型的是，公共政策以其他社会问题为目标，却可能无意中影响了景观。这种景观的变化可能是直接的，由新的农业生产刺激政策导致（如北美和欧盟的鼓励特定作物生产的机制）。也可以是间接的，导致新活动用地的产生（如旅游区有可能带动其他产业的发展）。一种新兴的政策导向是试图通过景观来实现更广泛的公共政策目标（Selman，2006，Primdahl et al.，2013b），例如利用景观管理提供"服务"（如娱乐或生物多样性）。这需要分析景观结构和功能之间的关系，以及对人们重要的价值和效益（Termorshuizen & Opdam，2009）。

景观变化还受当地活动驱动——即第六大驱动力。了解当地景观行为主体的作用和意图是至关重要的，这些主体包括土地所有者、农民、林业从业者、社区、企业、环保组织和游客，他们的行为累加在一起将导致景观的变化。单个个体在景观变化过程中可能扮演着不同的角色，当景观分析任务包含偏好研究或有利益相关者直接参与时，需特别留意。例如：一个农民，能够以食物、织物和能量生产者的身份（通过农耕、放牧、施肥等方式），以农场主的身份（通过植树造林或其他大面积改变土地利用的手段），

图 1.4　乡村景观，日德兰半岛北部

丹麦莫尔斯岛（Mors）上的乡村景观包含若干地理和历史的层次，在自然和文化的驱动力下一直在发生变化。当前的变化主要是对原有湿地的恢复，一部分原因是为了提高它们吸收营养物质（氮和磷酸盐）的能力。因此村庄前的场地将在几年以后成为一个湖。人口外迁，特别是年轻人的外迁，以及农村人口的逐渐减少和老龄化，是景观变化的另一个动因。

来源：Primdahl，J. 摄

以市民的身份（改变周边的景观视野或在其土地上增加公共步道）来改变乡村的景观（Primdahl et al.，2013a）。

显而易见，无论是过去、现在，还是未来的景观变化分析都是十分复杂的，需要仔细梳理各种变化的驱动力及其相互关系。

景观政策、规划和设计

所有驱动景观变化的人为因素在某种程度上都是通过公共政策来调节的。空间和景观规划在不同程度上对景观变化有较直接的影响。历史上，关于景观的"权利"和"义务"的规定在最早的立法中就出现过（Olwig，2002）。一个全球范围内的景观政策格局正在形成（Primdahl & Swaffield，2010），其中任何驱动因素或位置发生变化，就会在全球范围内产生影响。导致这一现象的原因之一，是欧洲、北美和日本自 20 世纪 70 年代开始实施的一系列环境、农业和遗产政策。另一个原因是以联合国为代表的国际机构的国际影响力逐渐增强，第三个原因则是市场和技术的全球化。为了理解景观变化，了解它是由什么导致的，变化之间又是如何相互联系的，我们有必要从更广泛的政策、规划、设计背景和不同尺度上思考景观的变化。

这里要强调之前明确过的一个区分，即公共政策或规划本身很少直接影响景观——相反，它们影响着无数人类的决策和行动，从而塑造了景观。在景观分析中，理解这种关系是非常关键的。理解政策背后的价值与目标以及人、机构和社群的价值观同样十分重要，这些因素直接关系到了政策和计划的实施。甚至像洪水等自然灾害的善后也在公共政策与计划的干预范围之内。这些框架规定了人们工作和生活的方式和地点，从而限制了人们如何影响自然或受到自然"威胁"的影响。随着气候变化影响范围的不断扩大，理解"自然威胁"并用景观规划的方式应对，在景观分析的领域内有着越来越关键的价值。

市场政策议程和可持续发展议程是两类与全球景观特别相关的公共政策议程（Dwyer & Hodge，2001）。市场政策决定了国家、公司和社区间交易商品和服务的形式。自 20 世纪 80 年代开始，市场政策的重心偏向去管制化和自由贸易，而不论是国际上的还是国家内部的决策制定，都较少考虑到环境和景观方面的影响。相比之下，可持续发展议程侧重避免城市化与发展对社会、文化和环境长期功能与完整性的破坏。可持续发展议程在从全球到区域的各种尺度上都发挥着作用。联合国于 2001 年通过的《里约宣言》便是一项全球性的方案。联邦和国家负责立法和规范程序，地区、省市和地方组织负责制定策略、政策和计划，而社区层面则进行本土实践。景观分析常常是为了更好地协调市场驱动的变化对当地景观可持续性带来的实际影响。对这些宏观动向的认知是分析过程和结果中不可缺少的一部分。

影响决策的景观分析

因此，在进行与政策、规划或设计任务相关的景观分析时，最重要的是明确景观分析的作用，以及搞清楚它如何适应更广泛的决策过程。这将帮助我们决定如何进行分析。我们是否应该关注利益最直接相关者的需求和愿景，并以他们对场地的认知和亲身经验为基础进行分析？或者我们应该以自身"专业"的理解为基础进行分析并回应场地？我们是否需要采用不同的分析工具，如果需要的话，又该按照什么样的顺序呢？又或者我们应该建立一种机制，使对场地或景观的未来有兴趣的人和组织能够进行交流。这些问题的答案取决于分析背景，包括任务的性质、规模和范围、涉及的人数和类型，以及分配给这项工作的时间和资源。

美国景观设计师卡尔·斯坦尼兹（Carl Steinitz，1990）用六个问题建立了一种景观规划结构，能够有效指导分析：

- 景观如何描述？
- 景观怎样运转？
- 景观运转是否良好？
- 景观将会如何改变？
- 景观的变化会导致什么不同？
- 景观是否应该被改变？如何决策？

前三个问题侧重于理解现状，后三个问题则关注如何回应现状，这都需要进行分析才能得到答案。本章后面的部分将分为针对前三个问题的现状分析，及针对后三个问题的实践导向分析，这些内容会在书中的不同章节进行讨论。

景观分析的本质

众所周知，景观分析的主题是丰富而复杂的景观现象。它通常直接聚焦于可观察的生物物理景观（时间和空间）上。然而，景观分析还需要同时考虑到景观的表现形式与意象，这包括人们的理解、偏好与价值观。当然，在景观中直接"看"到人们的价值取向与偏好是不可能的。感知和体验每种景观及其表达（如凯文·林奇于1960年绘制的图表，图5.2），与真实物质景观及其在地图、照片和绘画中的表现，这二者之间的关系是一个复杂的哲学话题，已经超越了本书所要探讨的内容 [见奈豪斯等（Nijhuis，2011）对视觉景观的一系列理论和实践的方法]。在本书中，我们试图阐明什么时候景观分析需要涉及人们对景观的个体或集体的认知，以及如何表现（如凯文·林奇的《城市意象》，见第5章），或者什么时候需要专业和科学的记录。这些记录可以是地图、空间数据和图层，航空或卫星图像、照片与绘画。

另一个重要的实践上的区别是定量分析和定性分析，定量分析是基于景观及其组成部分的可量化程度，定性分析是直接评估景观及其组成部分的属性，而不依赖工具、量化或计算。但是，将定性分析和定量分析一分为二是错误的。定性分析和定量分析都是分析形式的一部分，由分析中采用的测量手段决定（表1.1）。等比量表（图1.5）是最复

四种量表				表 1.1
量表	比率：准确的数字关系	等级评定	排序分级	定性分类
例子	海拔高度	打分	高、中、低的景观质量	森林、草地和耕地
定量···定性				

来源：根据 Stevens1946 年的成果

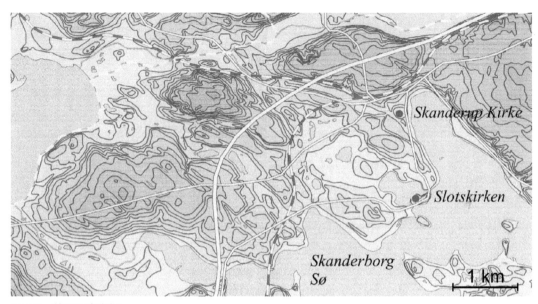

图 1.5　等比量表案例

地形以红色等高线表示，并辅以随高度增加而加深颜色的图层（从海拔 25m 到 65m），每 5m 增深一个色调。底图是一幅地形图，包括湖泊和河道、主要道路和两座以红点标记的教堂。湖面以下没有等高线。图中位置在丹麦日德兰东部的斯坎德堡，这些色彩使人们很容易辨认出复杂的地形形态。
来源：丹麦环境部（1997）：《斯坎德堡市地图集》（*Kommuneatlas Skanderborg*），第 4 页

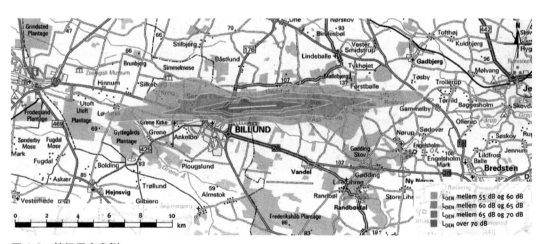

图 1.6　等级量表案例

对丹麦比隆机场的噪声强度进行了计算，并用不同色块表示，这里的评定以预计最大交通量为依据。
来源：里比县和维吉勒县年鉴（1998）：《比隆机场改建审定验收报告》（VVM），第 54 页

杂的测量手段，它包括种类、等级、比例和可度量的尺寸——例如测量体积与长度。这将定性分析与大规模的数据计算和数学分析建立了联系。与之相对的定性量表是最简单的测量手段，它区分特定的种类，如森林、田地和湿地。这是最明显的定性分析特征。在这两者之间，则可以使用等级量表（图 1.6）和排序量表（图 1.7），等级量表是一种没

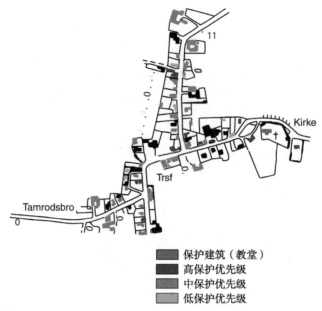

保护建筑（教堂）
高保护优先级
中保护优先级
低保护优先级

图 1.7　排序量表案例

丹麦村庄建筑的优先保护顺序。1939 年以后建造的房子（浅灰色）不在评估范围之内。

来源：丹麦环境部（1993a）:《纳斯特市地图集》，第 32 页

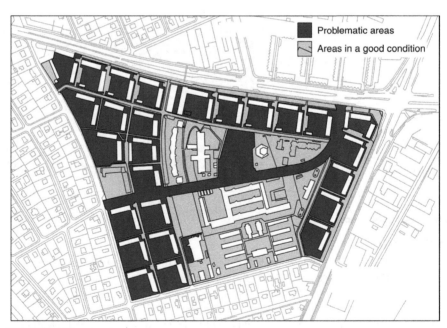

Problematic areas
Areas in a good condition

图 1.8　定性量表案例

在哥本哈根瓦尔比的一个住宅区改善项目中，最初的任务是确定规划过程中的重点。因此，住房被分为两类：好的和有问题的。在提案中，有问题的区域需要整改，而状况良好的区域维持现状。

来源：Knudsen，T.T.（1999）:《瓦尔比（Valby）住宅建筑 Folehaven 的翻新》，硕士论文，第 38 页。丹麦皇家兽医和农业大学经济、森林与景观研究所。未出版

有绝对零度的比率标度，例如，在 1—5 的标度上对项目进行平均评级，而排序量表则只是按顺序排列项目，例如，高、中或低的视觉质量（Stevens，1946）。

上面提到的四种量表都可以用于景观分析，但定性和排序是本书中最典型也是最常用的量表方法。使用等比与等级量表的定量分析，包括不同种类的建模和数据分析越来越重要，尤其是在研究生阶段，但这需要相当程度的专业技能和知识，已经超出了本书的范围。然而，定量分析可以有效地支持和实施本书所提到的许多方法和技术，我们会在后文适当的地方提到。

景观分析的范围和标准

"景观"指一块城市或乡村区域（如 ELC 所定义）。景观分析的范围可以分为以下几个层次：

- 自然因素（气候、水文、生态等）；
- 生物物理特征（地形、海拔、土壤类型、河网系统、植被覆盖、群落交错带、建筑设施等）；
- 空间模式、要素和标志（如线状、面状、点状等，这些要素共同构成了景观的特征）；
- 与人相关的功能（食物生产、休闲游憩等）；
- 与人相关的利益（权属、日常使用方式等）；
- 感官质量（视觉、听觉、嗅觉等）；
- 相关含义（历史、命名等）与价值（经济价值、特质、精神等）。

采用一致、连贯的概念和表述类型进行分析非常重要。例如，在景观特征评估（LCA）方法中（Swanwick，2002，见第 6 章），景观特征被定义为"清晰、可识别并持续的景观要素格局"。特征是凸显特性的"要素或要素的集合"。景观要素是"景观独特的组成部分"，如树木以及树篱等。其中"特别突出或引人注目的景观要素"形成景观特征，如树丛、教堂塔楼或林冠线等。景观特征评估（LCA）指南中还包括清单和工作表，帮助评估员在调查不同的景观时保持一致性，书末还附有专业名词词汇表。

分析可以应用于一系列的景观类型（如荒野、乡村、海滨、近郊、郊区、城市等），每种不同类型的场地在模式、特征和过程中都有明显的不同。因此，分析的位置和范围以及它是否是一个更大的对比研究的一部分，是决定应用哪些分析概念的重要考虑因素。许多研究者都建立了不同分析体系，每个体系都有各自的概念与表述类型，但没有一个被普遍接受的体系。这反映了前面提到的学科方法的不同，文化和母语的差异，以及与景观类型范畴相关的不同侧重点。无论使用什么样的表述，都需要在研究的开始阶段将概念区分清楚，并延续到最终的报告中。如果分析者运用已经建立的体系，进行比较会更加容易。

　　一种分析方法是采用特定国家、地区或专业的标准体系，例如景观特征评估（LCA）。另一种则是以已发表的相关研究为基础，为手中的工作专门建立一套分析体系。一些专业的实践和学术机构提倡使用专有的分析体系，同时，参考以前在调查中所做的工作也很重要。本书并没有提出新的分析体系，而是提供了一系列可应用的案例。

景观分析的应用

　　本书涉及景观分析的两种广泛应用。其中现状分析的目的是在作出任何决策前获取对景观的认识和理解，因此是独立于规划和实施的。这种分析包含对自然因素、生物物理属性和土地覆盖的分析，这是了解"自然因素与场地现状土地利用之间的联系是什么"的基础。同样，历史分析讨论的是景观的时间维度，关注的问题是"景观改变的轨迹是什么样的"。目前可以用景观传记的方式将这些分析整合在一起，以此来讲述景观的故事。

　　空间分析从三维视角审视景观，"景观的空间结构和表现是什么？"这促使对景观区域进行分类，每块景观区域都是一个具有自身同质特征的单元，反过来又可以引导景观评估，从价值、潜力、问题和敏感性的方面考虑景观的动态、状况和发展。

　　与现状分析不同，行动导向的分析是受当前任务所指导的。场地选择分析从场地是否适合特定发展或设计的视角来审视景观。所解决的问题是"在景观设计中，哪里可以找到建议或指定开发的最佳地点？"它面对的挑战是将可能的场地进行系统性的筛选，从而使目标和分析结果有逻辑地联系起来。在选址规划方面，以行动为导向的景观分析可能涉及选址、发展可行性或设计可行性。规划过程中的视角常常会改变。在规划初稿（或多个供选择的初稿）生成后，就需要进行影响评估。"在预期的项目规划实施，或按计划发展后，最有可能产生的影响是什么？"其挑战在于评估假设的未来状况，以尽量减少意外情况，评估结果可能导致提案的修改，以避免、补救或减轻其影响。最后还有对未来的分析，在景观尺度上进行评估，在不同的假设下研究潜在的景观发展轨迹。

　　在景观规划中，通常将调研（survey）、分析（analysis）和设计（design）三个阶段分开来。汤姆·特纳（Tom Turner）曾批判这种"悲哀的方法"（Sad-approach），认为它过于一根筋，并且认为这种方式预设了调研和分析会直接导向设计概念和策略，进而导致设计流程机械化和"令人悲哀的"结果（Turner，1996，p.146）。尽管特纳的观点具有一定道理——调研和分析不足以生成好的设计和规划策略——但它们是策略生成所需要的基础。有关景观分析和直觉的有趣的探讨，可以参考特纳（Turner，1991）和理查德·斯泰尔斯（1992a & 1992b）在《景观设计》杂志上进行的辩论。在我们看来，景观分析的需求是源于设计和规划任务的尺度和复杂性，景观分析一定不能成为汇报中的套路。因此那些没有实际用处，仅仅是为了让报告看起来充实的分析是我们需要避免的。

这一章中我们介绍了景观分析的基本目标、类型和概念。分析的使用范围是在风景园林和景观规划的理论和实践和对密切相关学科的借鉴中确立的。下一章中我们将讨论景观价值的本质及其在景观分析中的作用。

第2章
框架分析——价值、专家和市民

引言

多元的景观需求意味着对景观特征的分析必须超越对景观环境及其变化的讨论，还包括对景观结构、功能和过程的价值评估。景观分析中的价值识别需要对空间制图和评估过程进行仔细清晰的组织，包括以下步骤：

- 描述（景观的属性、要素、特征、模式是什么？）；
- 特征识别与分类（使这一景观具有识别性的属性、要素、特征和模式是什么？）；
- 价值评估（这类景观具有什么特质，它能提供哪些功能和益处，人们又如何看待这种价值？）；
- 评价（相对于其他景观，这类景观具有哪些突出的价值？）。

不能想当然地选择评定特定景观价值的方法，也不能认为专家或其他人的意见能够决定或影响评估的过程或结果。

本章探讨了景观价值的本质，这些价值应如何归类和梳理，而这与参与者又有什么关系。在本章开始时，首先思考一下，在不同的景观规划中，是如何预设谁应该进行决策，而谁的价值观又应该被考虑。然后我们回顾分析过程中，市民，即业主、使用者和其他利益相关者参与的阶段与方式。最后，讨论价值观和偏好信息的收集，这一过程中有专家意见、当地知识与价值观的参与。我们用评估这一概念来指代深入思考景观价值的整个过程。这其中包括了具体的价值认识（识别并度量价值），价值评价（对价值进行比较），以及评判哪些价值需要突出或优先考虑。

构建价值框架

规划的一个简单定义就是"将知识与行动联系起来"（Friedman，1987）。这句话中的"知识"包括与地域、景观或场地相关的价值认知，而"联系"指的是准备行动的整个过程。如何理解和推进景观规划流程不可避免地影响价值的定义和识别方式，从而决定哪些价值要被纳入考虑。这可以通过比较两种截然不同的规划模式来说明。长期以来，规划理论界一直存在实体论和程序论两种模式，实体理论讨论规划本身是什么和应该规划什么，好的空间应该包含什么，以及如何形成规划方案；程序理论则涉及如何组织规划流程以及相关主体有谁（Davoudi and Strange，2009；Hall and Tewdwr Jones，2010；Healey，1998）。不同视角下的价值都不一样。

一方面，从实体角度看，我们的重点将放在景观特征、环境和使用上。我们可能更关心与波琴（Potschin）的景观生态功能相关的价值，识别哪些遗产特征是重要的、应该加以保护的，或者分析公共开放空间是如何使用的。这些实质性价值与景观"功能"和"服务"相关或由其产生（Potschin & Haines Young，2006；Termorshuizen & Opdam，2009；Selman，2009）。在景观分析语境中，这些都将引发如何识别、描述和衡量景观价值的问题。

另一方面，从程序角度看，我们关心的是确定谁是参与的主体，以及在何时以何种方式参与。这将由所在国家和地方的政治价值观、法律和制度所决定。通过对特定景观中的不同利益相关者进行分类，如居民、土地所有者、市民等，我们可以对景观价值框架进行构建。决策的过程中应该建立共识，尊重专家意见，吸收不同的观点和价值观，并妥善分配权力。

在现实世界中，实体和过程通常是相互交织的，就像规划和更广泛的政治、经济和文化之间的关系也是如此。这些条件构成了与决策相关且至关重要的价值观。包含有各种各样的可能性。一些关于景观变化的决策是"自上而下"的，占主导地位的价值观是当权者所决定的。在成为美国总统之前，伍德罗·威尔逊（Woodrow Wilson）曾认为公共管理应由专门行政人员执掌，从而促进国家利益（Wilson，1887）。19 世纪早期国家公园和保护区的划定和强制征购就是一个例子，在这种规划中，政府机关决定了与景观相关的行动路线以及相应的价值取向。欧洲建立栖息地网络的战略，即 NATURA 2000 自然保护区网络（the NATURA 2000 Network），是自上而下决策的另一个案例，该决策主要由欧盟委员会与成员国专家共同制定的（图 2.1）。

在制定和推动需要大量公共支出和涉及个人权利的转移，或是需要进行长期投入的立法或决策时，需要采取"自上而下"的视角。例如，在进行新城选址的规划任务时，自上而下的决策很可能占主导地位，因为其技术层面的复杂性和高昂的投入成本。但是，

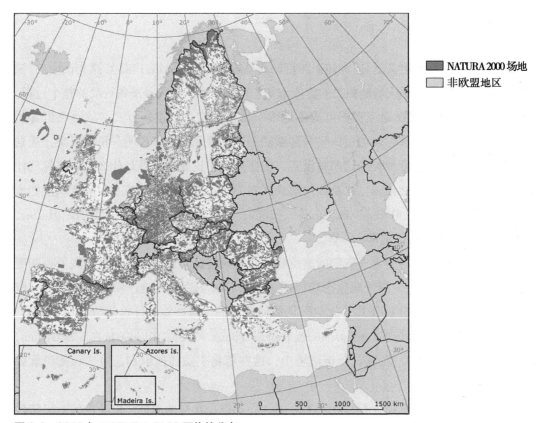

图 2.1   2012 年 NATURA 2000 网络的分布
NATURA 2000 是整个欧盟的重要栖息地网络。网络中栖息地的认定和保护遵照了欧盟鸟类保护指令和栖息地保护指令。
来源：欧洲环境局（2014）

自上而下的决策也很容易被滥用或失败，到 20 世纪 70 年代，已经出现了一种替代传统官僚主义的方法，称为"公共选择"理论（Ostrom & Ostrom，1971）。公共选择强调有效地实现明确公共目标的必要性，并旨在限制政府机构和部门的行动，引导他们朝着更明确、更透明的目标迈进。环境评估（第 8 章）就是其中最早开发的程序，以确保政府机构的行为对环境中更广泛的公共利益负责。

　　对公共机构评估的重视突出了专业技术的作用，因此早期的景观评估是有一定门槛的，需要专业知识（Zube，Sell & Taylor，1982）。于是参与评估的常常是景观设计师这样的技术专家，利用其专业知识技能来识别、衡量和比较价值。强调专家的作用使得大家开始意识到价值是具有普遍性的，并在不同程度上与特定的地点和现象相关联，并且能被拥有正确专业技能的人所识别。

　　场所营造（例如，通过场地设计）和矛盾处理（例如，通过环境评估）是空间规划（包括景观规划）中两个常见且同等重要的方面，其中前者一般更聚焦于实体空间，后者更强调规划过程。但是想要使规划有效，应该同时考虑这两个方面（Healey，1998）。

　　然而，也就是在 20 世纪中叶，社区和地方民主的力量在发达国家得到了越来越广泛的认可，地方社会运动在环保提议和争论中也变得更加活跃。"公众参与"的时代从彼时已经开始，不仅公民要求，同时政府也逐渐提供了更多机会让他们参与影响景观变化的规划（Hester，1984）。由于不同群体和社区表达了他们的诉求，景观价值评估也因此开始转向"自下而上"。价值观与个人和社群紧密联系，导致我们需要确定具有潜在利益关系的主体，以及他们所关切的事物。

　　同时，对公共决策过程的深入理解表明，形成和制定政策的过程比行政、技术或参与模式所包含的内容更为微妙和复杂。在一个现代化的民主国家，权力得到广泛分配，并不断进行重新协商（Forrester，1989）。为了保证规划实施，决策者需要说服他人，两个重要理念成为规划过程的核心。首先是规划本质上是对话的理念。也就是说，它不是行政或者技术程序，而是一个开放的过程，在这个过程中，不同的团体、利益集团和机构就可能发生和应该发生的进行对话（Drysek 1990，2000；Fischer & Forester，1993）。其次，为了决策的制定和执行，需要得到相关群体充分的支持和同意（Sabatier & Jenkins Smith，1993），前提是能够建立共同的利益联盟去推动和实施相应的计划。因此，价值认知成为对话的一部分，并且可以在交流过程中不断塑造和重塑。

价值类型

　　什么是价值认知？价值认知是超越特定环境、评估指南和行动的观念或信念，通常会按相对重要性进行排序（Schwartz & Bilsky，1987）。《牛津英语词典》定义了三大价值类别：意义、偏好／意见以及道德。因此，价值认知可以用多种方式表示，包括（Dietz et al.，2005）：

- 基本或内在价值，包括人工的和非人工的；
- 重要的功用；
- 货币交换价值；
- 个人偏好；
- 规范社会文化活动的准则。

　　景观价值可以以多种方式进行分类。有的区分为自然和文化价值，有的则在货币价值（可以进行交易的价值）和无法衡量的非货币价值（例如精神价值）之间进行区分（新千年生态系统评估，2005）。一种常见有效的区分方式是：景观属性所具有的价值（例如生态系统功能）和反映社会文化准则和期望以及个人偏好和利益的价值（Andrews，1979；Swaffield，2013）。

一些研究人员调查了不同类型的价值之间的相关度，例如生态价值和视觉价值（Tveit et al., 2006）。一个重要的发现是，人们对景观特征（例如保护区）的理解和评价方式取决于这些特征如何通过景观管理"表达"出来（Nassauer, 1995, 1997）。这证明了管理能够增益可感知价值。景观特征评估（Swanwick, 2002）为分析带来了另一个新维度，其重点是每种景观的独特性，而不仅是那些具有突出属性的景观。对日常景观的这种关注凸显了两种价值的重要性，即影响景观管理实践的集体价值，以及被社区所认可的特定的地方价值（Stephenson, 2008）。

目前，生态系统服务的概念是理解景观环境和价值的重要方法，它确定并评估了生态系统为社区带来的利益 [新千年生态系统评估（MEA），2005；Potschin & Haines-Young, 2006]。MEA 区分了供给服务（如食品）、调节服务（如防洪）、支持服务（如生物多样性）和文化服务（如美学享受）。每种服务都在为人们"提供"不同种类的利益或价值。因此，分析应区分景观的生物物理属性（如土壤和地形结构和条件）、可提供的服务（如农业）和特定人群所获得的收益（如收入、食物、欣赏风景的美感等）（Swaffield & McWilliam, 2014）。

但是，安特罗普（2000）论证了景观要素的价值既取决于其固有特征，又取决于其在整体景观中的作用。岩石面（rock face）可能是山区中的许多要素之一，并没有什么特殊的意义，但如果相同岩石面在起伏的土地表面上是独有的特征，那么它可能会具有更大的意义。也就是说，它有了不同的价值。因此，价值取决于定位。在此基础上，特莫斯豪森和奥普丹（2009）提出了景观服务的概念，明确认识到空间所反映的价值。他们的模型提出，特定的景观结构特征为特定的人或社区提供具有特定价值的功能。因此，景观被概念化为结构 – 功能 – 价值的直观空间系统。

景观分析和评估的最大挑战之一是与景观相关的价值，因此，景观分析取决于评估价值的角度。价值评估需要确定相关的价值，并将这些价值与其他的景观和价值进行对比。某条河流对当地渔民的价值可能要超过对于一座国有大型水电站的价值，但另一条河流可能正相反，这取决于它所处的区位。比较和权衡不同社群之间的价值认知是景观分析中最困难的任务之一。

卡尔比—— 一个价值管理的案例

　　丹麦北日德兰的莫尔斯岛上的卡尔比（Karby）所实施的景观策略，证明了识别本地和更广泛区域内的景观价值是具有挑战性的，它还展示了如何通过对话的过程寻找到适合场地的解决方案。2010 年，卡尔比地区参与了一项实验计划，探索一种将当地社区纳入乡村景观规划的新方法。该地区位于峡湾沿岸，沿海岸有大面积的盐沼地（图 2.2）。在历史上，这些盐沼富集了峡湾洪水频发时留下的养分，对农民来说是宝贵的资源。沼泽地为牛提供饲料，而冬季牛在谷仓里产生的粪便又被用作耕地的肥料。今天，盐沼对农民来说已经没有经济价值了。一些沼泽地被转化为耕地，而更多的则被废弃了。但是，盐沼现已被认为是具有国际重要性的半自然鸟类栖息地，大多数卡尔比盐沼都被认定为属于 NATURA 2000 自然保护区范围，这意味着根据欧盟法律，它们受到高度保护，而且必须根据相应的管理方案进行维护。

图 2.2　卡尔比村

丹麦莫尔斯岛上的这个村庄处于可耕种的壤土和峡湾沿岸广阔的盐沼区之间，是典型的地处"边缘"的古老村庄。直至 20 世纪中叶，盐沼一直是农场系统的重要组成部分，为牲畜提供了草料，而牲畜反过来又生产粪便用于农田。今天，盐沼已经失去了农场的经济重要性。然而，放牧对于维持半自然栖息地非常重要。如果不放牧，这片沼泽地将失去作为从北欧迁徙到南欧的鸟类觅食地的重要国际地位。

来源：Primdahl, J. 摄

　　盐沼的自然价值在于，当斯堪的纳维亚半岛北部的候鸟在春季和秋季经过时，或在温和的冬季将盐沼作为住所时为其提供食物。然而，鹅和水鸟只能在长满草的盐沼里生活。这就面临了一个困境，因为农民将盐沼视为当地农业资产的观念与欧洲社会将盐沼视为国际重要栖息地的理念相冲突。通常，在欧洲，这类问题的解决方式是向个体农民提供自愿的经济补偿协议，然后以适合鸟类的方式管理盐沼。但结果往往很难达到预期。而在卡尔比的规划过程中，这一难题以另一种典型的方式得到了解决。

首先，通过咨询专家、调研其他乡村景观、进行访谈调查和召开研讨会等方式，形成对乡村景观及其价值的共识。然后对所有农民进行访谈，了解他们的农场、他们与景观相关的实践，以及他们认为的该地区有价值的场地（图 2.3）。研讨会之后，拥有盐沼土地的 15 位农民达成了一项涵盖所有 250hm² 盐沼的集体管理协议，包括建立人行道和建造观鸟塔（图 2.4）。

在这个例子中，每一个农民都得到了欧盟农业环境政策的支持，这是针对全部 250hm² 盐沼的整体协议的一部分。该协议具有一定吸引力，因为各种使用权被

图 2.3 卡尔比村最受欢迎的地点

在有关农民自身、农场财产和土地使用的个人访谈中，受访者需要在区域中标出最喜欢的地方。同时还有意安排了问题："您认为哪个区域在自然和景观方面特别有价值？您更喜欢去哪里看风景或散步？"这张图汇总了所有的答案。

来源：Nellemann et al.（2015）: Strategi for Karby Sogn – landskab og landsby. In Kristensen, Primdahl and Vejre（eds）. Dialogbaseret planlaegning i det aabne land – om strategier for kulturlandskabets fremtid, p. 75. BOEGVAERKET, authors and photographers, 2015. CGST. 包含来自丹麦地理信息局的数据

图 2.4 卡尔比村采取的策略

卡尔比村实施的策略包括一系列措施和项目，如新的步行道、观鸟塔、湿地修复和盐沼管理计划，其中包括对围栏和所有盐沼区域草场的管理。地图上的"折线"（Fold）表示"围场"。

来源：Nellemann et al.（2015）: Strategi for Karby Sogn – landskab og landsby. In Kristensen, Primdahl and Vejre（eds）. Dialogbaseret planlaegning i det aabne land – om strategier for kulturlandskabets fremtid, p. 75. CBOEGV AERKET, authors and photographers, 2015. CGST. 包含来自丹麦地理信息局的数据

合并成更大、更具效益的整体利益。社会各界因这一简单的方案受益，降低了沟通的成本。并且因为农民共同将牛分散到不同的区域，牧场的管理变得更加可持续且有弹性。户外休闲爱好者也从基金会赞助的新修的栈道和观鸟塔中获益，该基金会同样拥有该地区盐沼的管理权。

卡尔比村的案例说明，对通过景观环境和不同人群、不同层次的价值认知的细致周到的分析，能够得出既能保护现有价值又能为景观增添新价值的解决方案。

识别市民、社群和共同利益者

正如卡尔比的例子所示，有很多办法来明确与景观利益相关的群体以及影响公共计划行动的价值。其中最复杂的就是谈论人权。埃戈兹等（2011）提出将景观"权利"与其他人权并列的想法，他们将景观权利作为将普遍人权（人类福祉和尊严）与特定景观资源和景观价值联系起来的重要纽带。"景观权"方法在概念和实质上与《欧洲景观公约》的发展和确立有关（第 9 章）。

在景观规划中广泛应用但却不那么显眼的是公众参与。公民身份意味着个人在明确的政治实体或政治领域中拥有的一系列权利和责任。公民权起源于古代世界中的希腊城邦，现在常见的形式是某些代议制民主国家或城镇中的投票权，赋予人们强烈的归属感和相互的责任感。许多政府主导的需要人们参与的规划和评估都将公民作为对象，明确并重视他们的观点和价值。但是，强调公民身份可能会将游客或没有永久居留权的人排除在外。同时，并非所有公民都有同等的参与能力 [例如，儿童可能不具备某些参与形式（例如公开会议）所需的技能]，因此可能需要特殊的流程。

社群的概念也广泛用于描述谁应该参与景观规划和决策，但这也存在许多可能的解释。所有社群的共同特点是它们的集体性，因为总是由一群人组成，这些人在某种程度上具有共同的经验、知识或兴趣，并以某种方式合作以实现集体目标或行动。然而，各个社群形成的原因是不同的。

三种类型的社群与景观分析特别相关。第一种是地域共同体—— 一起生活在特定地方或风景中的人们。此类社群由空间或范围定义。但是，在一个不断变化的世界中，这并没有听起来那样简单。比如有些人拥有一处以上的居所，或者离开了童年时代的住处，但仍然有强烈的情感联结。那他们还是那个特定地方的社群成员吗？

实践社群是拥有特殊知识、技能和行动习惯的人们。在景观分析中，重要的是要了解特定景观是如何管理的，这会涉及来自不同地方社群的人们，他们以某种方式进行协作，以独特的方式管理景观。这可能是对狩猎资源进行共同管理的猎人，或者是共享某些耕作方式的农民（例如，有机奶农）。景观设计师也是一种实践社群，他们共享知识与技能。

利益社群是共享景观管理或景观变化带来的物质、经济、精神，或者其他利益的人们。他们可能是土地拥有者，或是保护协会的会员。居住在其他地方但仍对景观保持关注的早期居民的后代也可能是"利益社群"的一部分。利益社群成员可能不在一起生活，甚至不在一起行动，因此他们的观点经常互相冲突。明确相关社群是属于地域、实践或者利益社群是识别景观价值的关键。

利益相关者是在规划中越来越多地被用到的一个相对新的概念，在需要强调特定利益而非一般公民身份或地方社群时较为常用。利益相关者是指在某种情况下拥有合法利益关切的人，其中包括跨地区和本地执行的法律或财务利益，甚至可以跨越不同行政区执行。因此，可以将跨国公司的全球消费者或股东视为他们消费或投资的环境中的利益相关者。显然，利益相关者可以是一个非常灵活的概念，它取决于如何定义合法利益。同样，对利益相关者的严格定义也可以排除那些自认为有权参与但未被规划机构承认的人。

在景观分析中，可以通过提问的方式对项目有关的利益相关者进行系统的分析。包括他们是谁？他们有什么样的影响？他们扮演什么样的角色？他们有什么"头衔"？它们处于什么社会圈层和地位？他们与所讨论的景观存在利益关系吗？这些问题涉及景观分析的多个方面。拉米雷斯（1999）和里德等人（2009）就利益相关者分析进行了系统性和面向实践的概述，并且提出了相应的分析方法。

在景观中，所有权是利益的一种特殊形式，通常是指在确定范围的土地上行使某种权利，例如使用、占用、出售和获取某些资源。还有许多其他约定俗成的使用权，将个人或一群人与特定景观联系起来，这不同于现代法律意义上的土地所有权，但仍然受到法律保护（例如狩猎），并引起强烈的道德或心理关注。

在某些景观中，所有权、约定俗成的使用权的主体可能是非本地居民，他们可能只是偶尔来到此处，甚至根本不来。这也可能随时间发生变化——例如，租赁权通常只在明确时间范围内有效。但另一方面，在一段时间内持续参与景观实践（例如走过田野）可能会导致新权益的产生。在某些情况下，法规或地方法律规定了征询或听取意见的对象。但在其他情况下，情形可能不太明确，很难定义与景观存在利益相关的人。因此，分析是具有挑战性的，而不仅仅只是个任务。明确谁在景观价值识别方面具有正当的发言权，是分析过程的重要部分。乡村景观中本土文化或长住居民与新来者之间的关系，可能是摩擦和竞争的一个重要原因，"城""乡"和不同的利益共同体之间也存在着其他的紧张关系。

大多数景观规划任务涉及的问题是：专家和社区对特定的景观价值有不同的判断，并且对结果有不同的利益相关。如果要以公正和民主的方式处理这些分歧，就必须要听取所有正当利益，并以全面、平衡和公正的方式处理围绕现有价值观的冲突。然而，正如卡尔比的例子所示，景观规划的意义不仅仅在于解决冲突和保护现有价值。它还涉及创造新的价值并朝着积极的方向塑造变化——例如，建造新的居民区，创造新的公共广场或建立绿色基础设施。简而言之，它也与场所营造有关。因此，典型的景观分析任务既要解决冲突管理又要进行场所营造，因此需要不同社群的参与——而且不仅要公平，还要有效（Healey，2009）。

识别景观价值除了需要确定谁可能参与，还需要搞清楚一系列潜在的参与程度。阿恩斯坦（Arnstein，1969）提出了一个"参与梯度"，这一概念至今仍被广泛引用。参与的最低级别被描述为非参与性的，这类群体主要是利用公共媒体塑造和引导舆论进而控制和安抚其情绪。中等程度的参与包括提供信息或向其征求意见。高级别的参与意味着给予人们作决策的权力，方式包括通过共同决策、委托决策，或者最高级别的实施权力。

批评者认为，阿恩斯坦的模型不足以描述当代参与式规划的本质，它是一个涉及社会化学习、思考和适应的更为复杂和动态的过程。因此，塞尔曼（Selman，2004）认为参与的程度更多是一种可能性的连续，而不仅是梯度，从最小的参与到物质激励的参与，再到交互式参与，再到自我动员，在这个过程中，各种景观主体，如土地所有者、社区或企业，采取独立于政府机构的行动。景观民主和共同管理这一新兴领域及其对分析的影响，将会在第 9 章中进行讨论。

价值信息的收集

许多资料提供了关于如何与各种人群就景观进行对话的知识和建议，其中社会和政策科学领域有关于各种方法及其假设、优势和弱点的理论和应用的论述。直接法和间接法之间有一个简单的基本区别。直接法包括景观分析者与市民、利益相关者或社区进行交流或面对面会议。间接法依赖于某些第三方——例如，分析人员可能会使用政府的普查数据，以获取或推断特定社区景观价值的信息。

直接法包括单人的、面对面的和群体的。这些方法各有利弊。单人访谈能够对个人或敏感问题进行详细调查，例如深度访谈能保证高度私密性。其他类型的一对一直接接触，如问卷调查，可以面向大量的人进行，好的问卷模板设计有利于数据分析，从而支持预判模型的建立。

集体的方法指人们以某种集体的方式参与到评估过程中，例如，专题小组访谈、研讨会或公共会议中，就像卡尔比案例中用到的那些。小组学习法可以进行各种形式的创新，也能使社会性学习自然而然地进行（图 2.5 和图 2.6）。

当然，这种集体方法可能出现与首选行动方案相冲突的价值观或分歧，因此需要进行精细化的管理。因为需要面对面的直接表达和倾听，因此可能会对持少数观点或对在

图 2.5 专题小组访谈
专题小组访谈是收集价值信息的有效方法，同时也是合作规划过程中不可或缺的一个步骤。这张照片拍摄于全职
农民参与的研讨会的休息时间。会议的目的是找出对经营性农户有价值的景观，以便在将来进行规划。小组的规
模（15 个参与者）保证了半结构化对话和按轮次进行的发言，每一个参与者都有机会表达其观点。
来源：Prindahl，J. 摄

公共场合讲话感到不安的人不利，甚至可能导致少数表达清晰或强势的个体在群体中更
受重视。因此，管理小组讨论是需要技巧的。

直接或间接、个人或集体的方法有时候是可以结合起来使用的。在公共集会中，可
能分析已经完成了（或是参考其他环境特征相似的对象所进行的分析），这时人们可以就
通过间接方法所识别的价值进行讨论。在卡尔比的案例中，来访的专家将他们的观点与
当地农民的观点相结合。如果担心被强势的声音所主导，可以要求人们通过填写调查表
或匿名按下按钮来独立地回答问题（图 2.6）。

无论采用哪种方法，协商都应该是真诚、开放、及时、精心计划，并有明确目标的
（Landscape Institute，2013）。制定明确的目标对于避免浪费时间并确保方法适用于任务
至关重要。所有研究机构（例如大学）都有协议，以保证涉及人的研究符合道德规范。
但是私人顾问或政府机关可能没有这样的正式程序，因此明智的做法是在开始大型的公
共参与活动之前，向经验丰富的研究人员寻求指导。

除了确保过程符合道德规范且不会造成伤害外，还必须避免人们对结果抱有预期，
除非他们的答复有可能产生实际效果。这是阿恩斯坦的阶梯法的价值所在，它可以作为
一项关键检查，以确保过程是合适且自洽的，而不仅仅是对选项进行"打勾"。

图 2.6　投票

人们聚集在一起以了解他们所参与调查的结果。在结果公布的过程中，宣布之前往往先询问他们大多数所期待的结果是什么。紧接着就引发了激烈的讨论，包括有关景观价值的辩论，而这些讨论在平时往往很难开口。

来源：Moller，K. H. 摄

是什么让公众参与成为典范而不仅仅只是良好？海斯特认为，这需要着重处理分歧，让社区专家参与进来，让各种复杂背景的公民参与进来，以及让当地社群在更大范围内进行交流。换言之，在任何景观规划项目中，提高参与度都是一个挑战，要超越个人和地方自身利益，并认识到其中更多元的思考。

结论

在这一章中，我们讨论了景观价值的本质，在决定如何调查景观价值时，决策背景的重要性，以及谁的知识和价值可以甚至应该为景观分析提供信息。我们认为，当代景观规划已经超越了管理、技术和决策层面，它现在是一种话语性的行动；一种涉及一系列参与者的行动，每个参与者都在这一过程中表达了各自的利益、知识和价值观。作为讨论过程中的专业人士，景观设计师必须掌握技能，成为共同生产知识和解决方案的合作者。在接下来的几章中，我们将详细研究技术层面的分析，其中每一个层面，充分对话的环境对于分析的构思和执行都是至关重要的。而最后一章则通过景观民主概念的探讨，回归分析中公众参与这一问题。

第 3 章
自然要素、生物物理属性、土地利用分析

引言

自然要素、生物物理属性（包括土地覆盖）和土地利用在景观分析中有几个作用：它为景观的文化、社会和视觉方面的分析提供了客观的背景；为理解景观的历史、动态和变化提供了重要的证据；是景观特征评估的重要组成部分，也包括对拟建开发项目可能产生的生物物理影响评估；同时为规划和设计提供重要数据。

自然要素是指影响景观系统基本结构和动态的基础自然驱动力：包括气候、地质地貌、水文和生态。无论是过去还是现在，景观中的这些自然因素在某种程度上越来越受到人类活动的影响。因此，自然要素很少独立于文化而存在，但是一个景观的系统、形式、过程和特征在起源和形式上都是自然而非文化的。生物物理属性是指特定景观中的特定环境，如地形、海拔、土壤类型、湿地和水网系统、植被和栖息地以及已建成的基础设施等。因此，生物物理分析包括对人工的和非人工的特征和模式的探讨，但侧重于物质性景观，而不是社会性或体验性的。土地覆盖是指景观的生物物理表面状况。土地利用是指人类为生产、改变或维持特定土地覆盖而进行的活动。

如第 1 章所述，有几种方法可以对与土地和景观分析相关的生物物理数据进行分类（Mabbutt，1968）。地质、地貌和河流系统（其特征的塑造伴随形成过程）等自然要素通常是根据其起源（成因）进行分类。量化分类通常用于地形、土地覆盖和基础设施网络等景观属性，这些属性可以通过高精度的测量准确记录。景观特征分类通常用于评估"人们感知的景观"（欧洲委员会，2000），并受自然要素、生物物理属性（包括土地覆盖和土地利用）的影响。因此，对自然要素、生物物理属性、土地覆盖和土地利用的综合分析可能涵盖不同类型的分类体系和数据。

与自然要素、土地覆盖和土地利用相关的大量科学常识，使得景观设计师在分析时可以跳过一些基础的实地调研。相反，他们的任务主要是访问、整理、解释和综合现有的信息来源，并根据项目背景进行现场核对，检查其准确性和相关性。地理信息系统现

图 3.1　帕尔马，加那利群岛

沟壑陡峭的山坡上遍布森林，无法进行放牧，且只有几块最好的梯田能够进行高强度的耕种。自然因素的制约，特别是地形形态的制约，再加上社会因素的影响，会使该景观的土地利用和土地覆被发生根本性的变化。

来源：Stahlschmidt 摄

在是空间信息图层制图的主要模式。生物物理景观分析的一个现实挑战是将不同的数据源转换成一个在空间和时间上统一的、尺度一致的数据集。然而，对数据可获取性、覆盖率和时限、有效性（数据是否与它声称描述的现象实际相关）、可靠性（数据是否一致地描述）和空间校准的评判以及不同类型数据的组合是重要的研究课题，但这不在本书的范围之内。

因此，本章旨在传递生物物理景观分析在应用层面上的理解，而非技术和科学认知。大多数案例都使用基于分层地图、草图和图表以及带注释的照片这一传统的综合方法，以便将重点放在分析的基本原理上。主要案例之外的补充案例包括了地形、土壤、水文和土地利用等内容。

自然要素

地质是指地球的基本结构。公众使用的地质图通常显示最接近地球表面的岩石类型。地质是宏观尺度上地貌（例如山区和高地、主要山谷系统）和某些特定景观特征（例如地表隆起的断崖）形成的驱动力。在英国，诸如英格兰自然区域（Swanwich，2002）等资料中的景观特征分区与一代又一代学生所熟悉的地质图大致能够对得上，这些地质图是由威廉·史密斯（William Smith）于19世纪初绘制的，他是一位从事运河工作的早期勘测员（Winchester，2001）。不过尽管地质学有助于理解景观的整体格局，但深层地质结构往往被地表沉积物覆盖，因此在具体项目中，关注地貌往往更有帮助。

地貌学是地质学的一个分支，指的是地表地形及其形成过程。通常研究远古的地表演变过程，如冰川和河流作用，也包括当下的与海洋和气候影响有关的过程，例如，沙丘和河口沉积的形成。无论做景观分析的目的是什么，关于景观地貌形成的知识通常都是解读场地背景的良好基础。在描述景观时，从地理形态开始描述是非常有效的，例如，在说到阿姆斯特丹时，首先介绍它位于一个重要的三角洲之上，或在描述斯德哥尔摩时交代它是波罗的海大型群岛的一部分。这些信息关联了整体的景观结构，并且带出了景观特征形成过程中更宏观的生物物理环境。

水文系统是所有自然景观以及所有人工生态系统的关键组成部分，它能塑造地表环境，尤其是提供栖息地和生物多样性，还能影响土地利用以及农业潜力，提供关键资源（灌溉水源、饮用水、工业用水等），并且对景观的感知体验也有重要的影响。地表水是景观质量的关键决定因素。好的规划需要满足建成区水质和雨洪排放方面的标准，意味着水文条件知识在以下这些领域具有重要价值：

- 项目环境影响的评估；
- 生态修复项目，以及旨在提高栖息地韧性的项目；
- 应对气候变化，海平面上升和越来越频繁的极端降水。

根据地表形态的形成进行分类是许多景观属性、潜力和限制的关键指标，包括特殊地形形态、地面稳定性和侵蚀状态与潜在可能、水文、地表水网络、土壤以及空间特征和样貌。了解一个景观的地貌历史还提供了一个比深层地质学更为具体的概念框架，利用关于地貌中常见的地表地形类型及其形成的科学知识有助于当地社区成员参与分析过程，如通过撰写景观传记（Roymans et al.，2009）。毕竟，在最终的评估中，景观分析要把来龙去脉理清，帮助社区和决策者确定未来的行动方针。即使知道某一个特征是由冰川创造的可能不会改变一个决定，但它可以提供一个公开的、有意义的、有吸引力的，进而引导决策的背景。

土地覆盖

联合国粮食及农业组织（FAO）将土地覆盖定义为"地球表面可观察到的（生物）物理覆盖"（Di Gregorio & Jansen，2000）。景观生态学已经发展出一套复杂的空间语言来描述和分析土地覆盖的模式（Forman，1995），涉及斑块、边界、廊道和基质或镶嵌体（类似斑块或廊道）等概念。景观分析当中广泛运用的景观特征概念，指的就是特殊的土地覆盖镶嵌体，如树篱、树林、道路和建筑物。这些特征可以是点状、线状或面状的。阐明土地覆盖分析中使用的空间语言并在分析中保持一致是非常必要的。

土地覆盖信息可以从各种组织获取，这取决于你工作的国家。通常这些信息是以数据库或数字地图的形式存在，也可以是航空照片或卫星图像。这些信息对土地覆盖的解析比地形图更精确。通过 Google Earth™ 等软件程序，可以将地形模型、卫星照片和航空照片结合起来。这些程序还可以从垂直或倾斜的角度观察区域，旋转图像并从不同角度查看。欧洲土地覆盖数据库，即所谓的 Corine 土地覆盖图，可从欧洲环境署的网站上获取。

土地覆盖主要包括不同类型的植被，但也包括裸露的自然区域和建筑道路等建成表面。因此土地覆盖可以是自然的，也可以是人工的，或者是人类通过对自然植被和动物的管理而创造的组合。与土壤分类一样，不同国家出于不同的目的制定了许多土地覆盖的分类体系，并致力于开发一个更标准化的全球体系以进行对比。粮农组织的分类有八个类别，总结如下（表 3.1）。在这些类别中，存在许多国家和区域间的差异，但粮农组织提供了一个面向全球的大致框架。

地表覆盖类型

表 3.1

粮农组织将地表覆盖细分为 8 种主要类型							
植被覆盖区域				非植被覆盖区域			
陆生		水生或常被淹没		陆生		水生；冰雪覆盖	
（半）自然	有人工栽培且受管理的	（半）自然	有人工栽培的	裸地	人工表面	自然的	人工的

来源：Di Gregorio，A. and Jansen，L.J.M.2000 *Land Cover Classification System*（*LCCs*）：*Classification Concepts and User Manual.* 联合国粮食及农业组织，罗马

陆地自然 / 半自然植被区是指植被覆盖与非生物和生物系统保持平衡并共同组成一个整体的区域，或植被自然演替，但受人类活动影响的区域，例如用于放牧的开阔沙丘或沼泽地。

陆地栽培和管理植被区是指自然植被被移除或改变，并为其他类型的人类植被覆盖所取代。这种植被类型需要农业等文明活动来长期维持，包括农业景观、集约经营的人工林，以公园为代表的开放休闲区域等。它在许多温带国家中是最主要和最常见的类型。

水生的或经常被水淹没的植被覆盖地区可以是自然的或半自然的。它们是陆地和水生系统之间的过渡地带，这些地方的地下水位通常位于或接近地表，或者土地被浅水覆盖，植被受水的影响很大，且依赖洪水（如盐沼和湿地）。人工栽植水域是指有目的地种植、培育和生产水生作物的地方，并且在其种植期间长时间地立在水中，如水稻。这种类型在温带国家不太常见。图 3.23 是一个湿地生物群落详细调查的案例。

陆生且非植被覆盖区包括两种类型：植被稀少的自然裸露区，如高山岩石和碎石区、沙子和沙漠，以及由于人类建设而形成的人工表面，例如城市的许多部分、运输路线、工业区等。道路、街道、小路和铁道都可以通过图绘方式表现出它们水平和垂直的路径、它们的通行能力（例如公路的大小）以及在这些道路上行驶的视觉体验。

水生非植被覆盖包括湖泊和河流等自然区域，或运河和水库等人工区域。识别、绘制和分类不同类型的水景可以对景观特征提炼作出有益的贡献（第 6 章）。确定不同大小和类型的河流还可以与更全面的水文系统分析联系起来，不仅显示水文特征的位置和边界，以及系统功能的运作方式（图 3.20 和图 3.21）。在以行动为导向的分析中，确定不同区域的水质和水量非常重要，因为这将影响可能的用途，如娱乐等。在沿海地区，水的含盐量也很重要，通过分析可以区分出淡水（如内陆湖泊和河流）、微咸水（含盐量较高，如流入河口的河流）和完全受潮汐控制的咸水（如河口、入海口等）。海平面随着气候变化而上升，沿海水域的范围和盐度也将发生变化，这反过来又改变其边缘植被的性质和位置，以及更大范围的景观特征。

土地利用

土地利用表示景观的功能，以及它的作用和价值。联合国粮农组织将土地利用定义为"人们为生产、改变或维持某种土地覆盖类型而进行的安排、活动和投入"（Di Gregorio & Jansen，2000），这突出了土地覆盖与土地使用之间的密切联系。例如，农业是一种常见的土地利用方式，它可能基于不同类型的耕作制度，而这与不同类型的土地覆被相关：要么是永久覆被，例如草地或林地，要么是短期覆被，例如一年生作物。土地覆盖和土地利用都是包括自然要素在内的人类生态景观系统的关键内容。

尽管自然要素、土地覆盖和土地利用都密切相关，但它们并非总是很好地结合在一起。某些风景区的确可能具有自然要素与土地覆盖和土地利用之间明确的联系，例如谷底长有牧草的河谷、陡峭山坡上的林地，这些用地不适合集约耕作，也无法像城市环境中坡地和谷地上的开放空间被开发建设。许多景观规划师将自然要素、土地覆盖和土地利用之间的关系作为景观可持续的关键因素。因此，像麦克哈格（1969）就非常专注于研究自然景观对不同功能的适用性和能用性，并将其用作制定区域规划的基本原理。然而，在许多景观中，自然要素、土地覆盖和土地利用之间的功能联系已变得模糊不清或被切断，需要持续不断地投入能量并采取其他干预措施才得以维持。例如，一些海滩地区通过建造堤坝和实施土壤排水工程发展密集农业，还有一些城市周边地区的开发，忽视了潜在的地形、土壤类型和水文条件。当自然要素、功能和地表覆盖不再是互相联系的整体时，景观会变得功能失调或逐渐废弃（Wood & Handley，2001），又会引发进一步的景观变化。

土地利用功能可分为主要和次要。主要土地利用指该地区的主导功能，如农业；而次要土地利用指存在的其他功能，例如在农业区，还可能涉及狩猎和汇水功能。土地用途可按多种方式分类：根据经济特征、规划条例或文化习俗。大多数国家都有各自的土地利用分类系统，不同的行政区也可能有自己的土地使用类别，作为其规划的一部分政策。随着国际社会越来越重视对全球土地资源的认识和计量，地学家正在开发通用的土地利用分类系统，它可用于分析气候变化等环境趋势及其影响。

主要案例：生物物理分析——卡洛

此分析是为丹麦日德兰（Djurs-land）的 Kaloe Vig 周边地区的综合景观特征评估提供生物物理基础。案例的灵感来自奥勒·霍思·卡斯珀森博士，他和帕特里克·卡尔松博士共同制作了图 3.4—图 3.10 所示的地图。如第 1 章所述，生物物理分析是景观特征评估（LCA）特征识别阶段的首要步骤之一。在卡洛的案例中，具体分析的对象是景观的地貌形成、地形形态和土壤类型。在此分析中，基础（深层）地质不是主要因素，因为景观主要是由冰川和河流沉积物以及"本土"的地表岩层的地质过程塑造的。因此，地貌，即表面特征的形成，是分析的起点。图 3.2 和图 3.4 所示的地貌过程解释是回顾法历史研究的一个例子，将在第 4 章中进行解释。回顾法是一种研究历史以了解当代景观特征的方法，通常与土地覆盖分类有关。

调查中使用的数据都清晰地反映在图表中，这些图都是数字化的，便于在 GIS 中进行处理。分析过程包括比较和解释各种专题图（图 3.2—图 3.10），以便将景观分类为均质的区域（图 3.7）。第 6 章将详细介绍将景观分类为均质区域的过程。生物物理分析的特别之处在于，它对同质区域的分类不包括该区域的整体特征以及人们的感知，而是专门关注于自然因素。

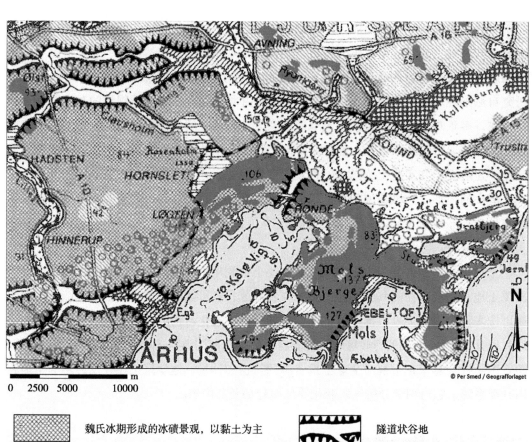

图例：

魏氏冰期形成的冰碛景观，以黏土为主	隧道状谷地
魏氏冰期形成的冰碛景观，以砂土为主	冰湖盆或相似的湖盆
冰缘山	自大西洋海侵（公元前 5000 年）以来形成的海洋前陆
冰形成的山丘、凹陷或景观	回垦地
沉积平原（sandur），一排排点示意轮廓	大西洋海侵岸线
边缘河谷	海蚀崖

图 3.2　南日德兰岛，卡洛和莫尔斯山区的地貌图

丹麦日德兰东部的莫尔斯山是冰川从南向北移动形成的冰碛地貌。冰川位于目前海湾卡洛维格和艾伯托维格所在的地方。最终冰碛的内（南）侧为黏土，外（北）侧的冰川沉积平原主要为冲积砂土。沉积平原北部的峡湾已被填平（Kolind Sund）。另见图 3.3 和图 3.4。

来源：Smed（1981）：*Landskabskort over Danmark*.©Geografforlaget/GO FORLAG A/S.

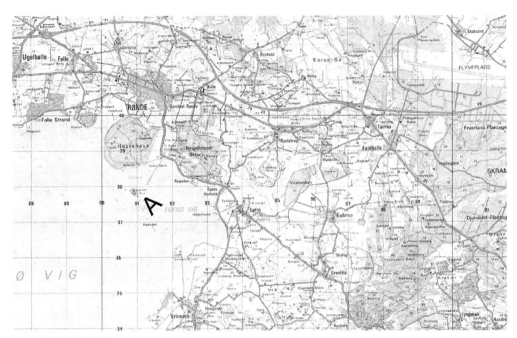

图 3.3 卡洛的地形图

以下五张分析图是相同区域同一时期的地形图。图中所示的区域是卡洛维格格湾东北角的一部分，地貌图（图 3.2）的局部。南边的"Mols Bjerge"表示莫尔斯山。网格尺寸为 1×1（km²）。图 3.6 的照片位置标注在地图上（字母 A）。

来源：©GST. 包含来自丹麦地理数据局的数据，Kort 50（2015）

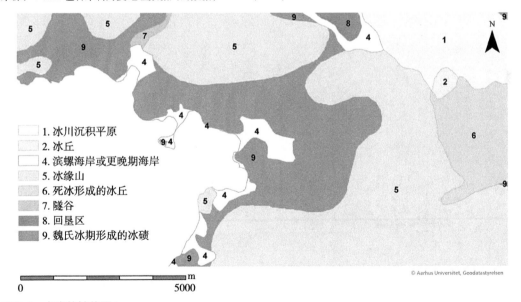

图 3.4 卡洛的地貌图 *

图 3.2 所示区域的更详细的分析。（4）滨螺海岸是自石器时代以来伴随陆地上升所形成的海洋前陆。（5）冰缘山围绕着海湾分布，冰山的外围形成（1）冰川沉积平原和（6）冰盖。

来源：©Aarhus Universitet. *Atlas over Danmark：Den danske jordklassificering.* Breuning-Madsen, H. In：*Geologisk Nyt*, 2（92），15–17. ©GST. 包含来自丹麦地理数据局的数据

* 原书无序号 3。——编者注

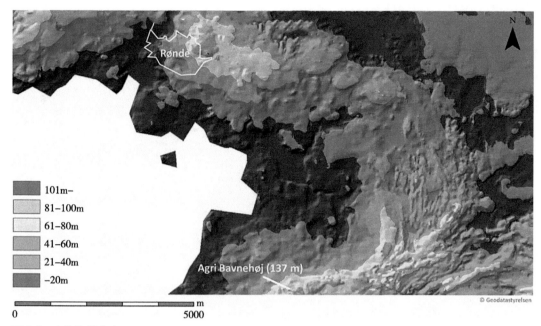

图 3.5 卡洛海拔高度

在 ArcGIS 中增加西北方向的光线和浅阴影，色谱从蓝到棕。这样的地形表达可以与地貌相对照。

来源：University of Copenhagen and digital terrain model DMT 2007 from the Danish Geodata Agency.eGST.By using ArcGis with soft shading and light direction from north–west, the colour spectrum goes from blue to brown.The representation of surface terrain can be compared with the geomorphology.

图 3.6 望向莫尔斯山

从卡洛维格半岛向东南方向望见的山。那个两座最高的山顶被青铜时期的墓葬占据，展示了人类活动对自然的改变。背景中的斜坡是牧场和森林。山丘和海岸之间的地势相对平缓，主要用于农业耕种。前景中有残留的海崖，它的前面是石器时期滨螺海期侵蚀出来的平台。照片拍摄位置在地形图（图 3.3）中所示。

来源：Caspersen，O.H. 摄

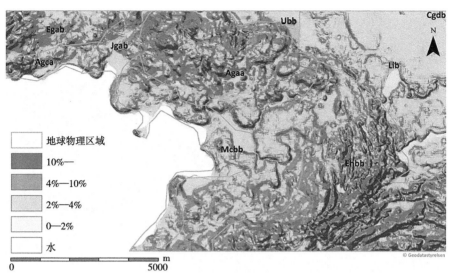

图 3.7　卡洛的地形坡度和地理区域

这里地形用坡度百分比的方法表示，比用度更方便。莫尔斯山上和海岸边残留悬崖的陡坡都被明显地标示了出来。坡度图上叠合了地理区域，它表示一种涵盖所有地形要素（形态、土壤类型、地形及其复杂程度）的景观分类方式。例如 Agaa，A 指的是陡坡（形态），G 是冰碛黏土（土壤类型），两个 a 分别指许多小山（地形）和复杂的地表形态（复杂程度）。

来源：Caspersen & Nellemann（2004）：*Landskabsanalyse - Pilotprojekt Nationalparken Mols Bjerge.* Working paper for homepage for pilot project Nationalparken Mols Bjerge.Forest & Landscape，2004.©GST. 包含来自丹麦地理数据局的数据，数字地形模型 DTM 2007

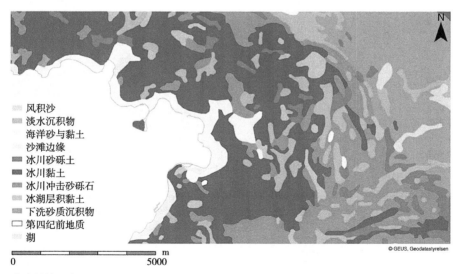

图 3.8　卡洛的地下土层

地下土层的性质由冰川活动的结果。冰碛黏土（棕色，见彩插）很好地展现了冰川塑造卡洛海湾附近山丘的方式，而在末端冰碛以外的地方，这一过程是通过冰川砂砾（紫色）表现的。在这两种主要土层间散布的是冰后期有机物层（绿色），它是由干涸的湿地演变而来的。这张地下土层图是以地表下 50cm 土壤为样本绘制的，结合对形成过程的解释。这张图对应地貌图，即图 3.4。

来源：Jacobsen，Hermansen & Tougaard（2011）：*Danmarks digitale jordartskort 1：25000 version 3.1.* Geological Survey of Denmark and Greenland（GEuS）report 2011/40.©GST. 包含来自丹麦地理数据局的数据

图 3.9　莫尔斯山的矮树篱

从莫尔斯山望向卡洛湾的景观。永久草地、耕地和矮树篱的土地覆盖状况是受风蚀砂土的影响。图 3.6 中遥远的青铜时期的坟墓在这里则成为近景。

Source：Stahlschmidt，P. 摄

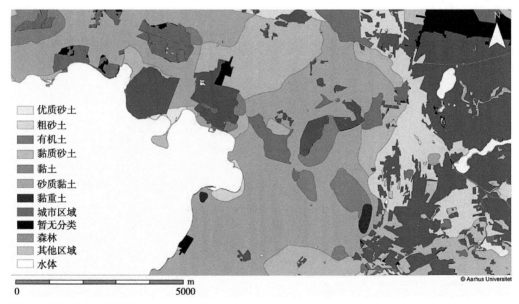

图 3.10　卡洛的表层土分类

这张地图是根据 20cm 深处的土壤样本绘制的。根据不同土壤类型的粒径进行分类。粒径较小的土壤——黏土，通常是具有较高保水能力的肥沃土壤，而粒径较大的砂土具有较弱的保水能力和较低的养分水平。这张图有趣地显示了地表和下层土壤条件（图 3.8）之间的对比，并表明了土地的耕作适宜性。因此，表土分类图有助于进一步分析土地覆盖和土地利用。图中建成区和森林没有农业收益，因此也没有土壤分类的信息，这表明了分析一定程度上受分析者主观目的和利益诉求的影响。

来源：奥胡斯大学（University of Aarhus）

补充分析

本章的这部分将探讨前文基础分析中提到的一些补充案例。

地貌

地貌数据通常基于国家、地区或地方范围的科学研究。例如，尼尔森（Nielsen，1975）对丹麦地貌进行了综合性的描述，而佩尔·斯梅德（Per Smed）的"丹麦景观地图"（Landskabskort over Danmark，图 3.2）则提供了一个易于获取且适合分析的资料来源。该资料还是知识不断发展的佐证，斯梅德的地图是阿克塞·斯库（Axel Schou）于 1949 年绘制的丹麦地图的修改版，后者与显示地形形态和地质关系的示意图（图 3.11）一样，曾是丹麦所有学校地理课堂上的固定内容。1949 年之后，丹麦景观形成于冰川时期及以后的基本理论得到了证实，但随后的钻探样品和研究证明了 Schou 的原始地图仍需要修改和细化。这一不断修订科学知识的过程意味着，景观分析从来没有一个权威和全面的数据来源，需要确定和评估可用的数据资料，并从中提取最符合当下背景的内容，以达到研究的目的。同样的道理也适用于生物物理分析的其他方面。

地形

地形，即地球表面的垂直和水平形态，受到地貌的强烈影响，因此它是景观分析必

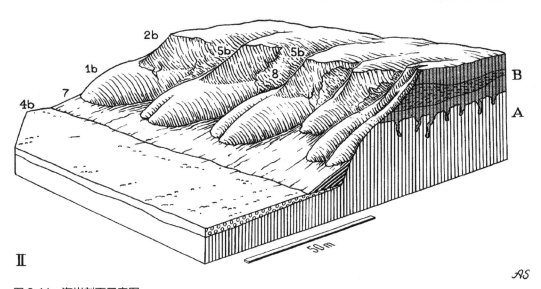

图 3.11　海岸剖面示意图

地貌模式和特征可以通过一个带横截面的结构图来说明，这种图能展示地下土层和地表形态。图中的日德兰北部北海海岸特殊的"蹄状"地形是由河流侵蚀和冰碛土覆盖的隆起石灰岩风化形成的。

A. 塞诺尼亚石灰岩；B. 冰碛和融水砂

来源：Schou（1949）：*Atlas over Danmark. Landskabsformerne*，p.30.H.Hagerup © 丹麦皇家地理学会

要的基础，比如坡度会影响排水模式、土壤类型、小气候（如向阳和受风），从而为植被和野生动物栖息地创造条件。地形还影响到许多土地利用的适应性，例如，在陡峭的土地上，耕作、运输、居住和建设通常更困难。地形还影响视觉景观的整体空间特征（尺度、封闭／开放、线性等），影响特定地点的视觉焦点和景观不同部分间的视觉可达性，并在很大程度上决定了景观的视觉特征。在专家和公众调查中，以陡坡或山脉的形式出现的海拔高度，经常作为风景质量评估的一个关键指标。从视觉上看，地形也塑造了潜在的空间体验序列，形成开阔和局限视野。

　　对地形图进行颜色编码以反映地球表面的相对高度，是景观分析中的一个常见步骤，它给每一层高度分配一个特定的颜色（图 3.12 和图 3.20）。从下往上，着色的常见方法是蓝绿、绿色、黄色、棕色和红色。这一惯例背后的基本原理是，冷颜色被认为是遥远的，而暖色被认为是近距离的。使用阴影轮廓线可以增强三维效果。颜色编码还有一种方式是利用色调，随着海拔的升高而加深颜色（图 1.5）。

　　另一种方法是利用表面明暗变化生成地形的三维表达（图 3.13）。通常情况下假定的

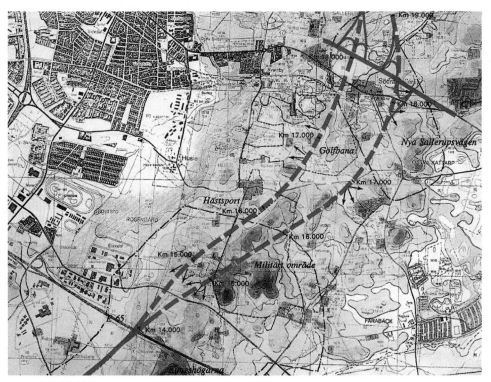

图 3.12　详细地形图

这是瑞典公路选线分析的一部分，地形高程以 5m 为间隔进行分级。西部最低的绿色区域高于海平面 15—20m，而棕色顶层位于海平面以上 50—55m。颜色深度随着海拔的升高而增加，从（远处）冷黄绿色变为（近）暖红棕色。

来源：Vägverket（1994）：*Oeresundsforbindelsen Malmo*，p.31.*Oeresundsforbindelsen Malmo.Ytre Ringvagen*，*Jarnvaagen*，*Broanslutningen*.Arkitektur och landskap. Kristianstad，p.31

光源被放置在左上角（在北朝上的地图的西北方向）。然而，打光的选择存在矛盾，集中于是应该突出立体效果，还是应该表述信息。今天，这种类型的分析几乎完全基于数字地形模型（图3.14）。模型有两种基本类型：一种是通过三角测量高程点创建的；另一种是基于栅格（光栅）的，其中的曲面被划分为具有指定高程点的方形单元。这两种模式各有利弊。图3.14中带有文字标注的地形图已转换为三维模型。当模型只有地形表面隆起，而不具有建筑物和树木这样的土地覆盖信息时，这种模型有时也被称为2½维模型。在模型中，可以在一个或多个标高上添加林地、树篱和建筑物等信息。比立体地形图更抽象的数字地形模型是绝对高程模型，它是网格的形式（图3.16）。通过在给定高程点网格中的每个交叉点到四个相邻高程点之间绘制直线，从而简化了地形模型。输入必要的数据后，可以放大高程，即所谓的垂直放大，并且为照片视点选择新的角度和高度。在数字模型中，很容易调整不同的比例尺，但重要的是要确保调整后的结果与打印的比例尺相匹配。数字地形模型可用于计算视域和空间容量——例如，新建沼气厂和农场建筑的影响评估（图5.4）。

图3.13　带阴影的等高线

在标准的地形图上，沿等高线轮廓上的黑色阴影，能给图面增加三维的效果。光从西北面照过来，这一点并非为了反映现实，而是为了让图面更易读、易懂。

来源：Copenhagen Regional Council（1982）：*Forslag til udpegning af fredningsinteresseomoraader. Planlaegningsdokument PD 354*，p.29

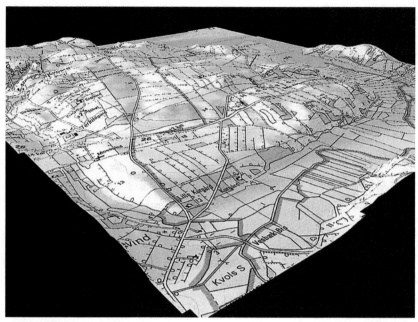

图 3.14　数字地形模型

从前景的谷底开始，地形上升到日德兰中部的丘陵冰碛上。模型由 AutoCad 和 quicksurf 通过抬升标准地形图的数字版本生成。高度被放大了五倍。在计算机上，您可以自由选择高度、放大程度和视图位置，以尽可能方便手头的分析。类似的效果也可以用谷歌地图做到。

来源：Joergensen et al.（1997）：Landskabsplan for Kvols–Kvosted. Department for Economy，Forest & Landscape，丹麦皇家兽医和农业大学。

图 3.15　沃·勒·维贡特庄园，法国

从城堡看向主轴线的景色。从这个角度看，水渠（图 3.16）藏在谷地，在所谓的视觉"阴影"的地方。

来源：Stahlschmidt，P. 摄

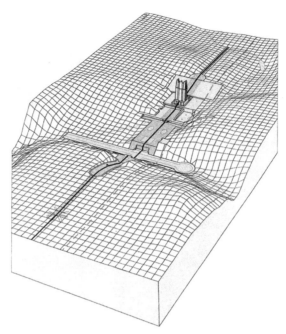

图 3.16 沃·勒·维贡特庄园的绝对地形模型

巴黎东南部的巴洛克式公园沃·勒·维贡特庄园建于 1661 年，位于塞纳河支流河谷的正对面。这张图揭示了一个矛盾：公园象征着人类对自然的控制，却很好地嵌入了自然景观的地形之中。在 17 世纪这样的前工业时代，细致的选址分析是至关重要的，只有这样才能确保所需的土方移动是可行的。在这个模型中，高度被放大了 10 倍。

来源：Steenbergen and Reh（1996）；Vaux-le-Vicomte, The balance between the geomorphology of the site and the symmetry of the design.*Architecture and Landscape* 1996, p. 22 ©Thoth Publisher, Netherlands

　　地形模型是研究暴雨（例如气候变化）引发的洪水风险的重要工具。在预测和模拟来自溪流和湖泊、升高的地下水位和降水区域的洪水时，对地形进行分类是很重要的。不同类型的地形可以依据是否为"孤立的"低洼地区和盆地这一景观特征,进行简单划分，而复杂的情况下，以排水渠道（溪流、沟渠、下水道等）为基础的地表动力将水引导至低地，或将水从低地排出，在洪泛过程中发挥着重要作用（Paludan et al., 2011）。分析未来强降雨对城市和城市周边地区径流系统影响的第一步，是使用地形模型结合房屋和道路的地理信息系统数据，以确定地表低洼地区，即"风险区"。这些可以与先进的计算机模型中的水力评估相结合，构成气候适应计划的基础，它还可以用于一系列不同的目的，例如让城市规划者了解哪些地区应该保留而不进行城市开发，哪些地区应蓄积雨水，哪些地区用于游憩。它们还可以为环境规划者或水务部门提供评估依据，以确定该区域是否需要建立湿地以保持水土养分。图 3.20 是洪水风险区域的地形模型示例，该区域是斯托拉山谷周围汇水区的一部分，其中包括穿过丹麦霍尔斯特布罗镇的河道。

　　景观的感性体验往往更多地受到垂直维度的影响，而不是水平面的影响。最简单的方法是画一个剖面图。图 3.17 展示了基础设施走廊的横剖面,没有进行垂直放大。图 3.19

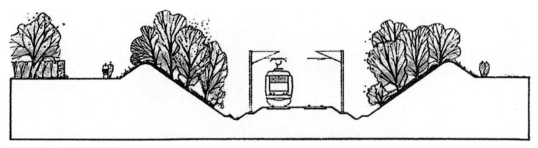

图 3.17　铁路剖面图

剖面展示了铁路线与步行道之间的关系。图中的人在这里是帮助理解尺度的工具。

来源：Oeresundsforbindelsen（1993）：*Oeresund Landanlaeg. Projektforslag marts 1993*.Arkitektur og landskab.Rapport A3–format

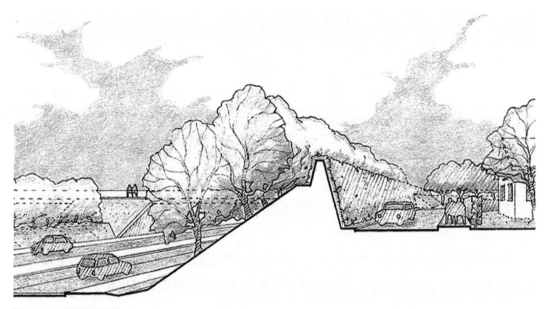

图 3.18　剖面透视图

粗线表示剖切位置，也反映了土方工程、挡板和道路之间的关系。透视图展示了两种不同的道路环境。当用图纸或照片来说明项目时，可能会用树木等吸引人的特征来夸张表现，但这样做的风险是，对项目的理解可能会出现偏差。

来源：A/S Oeresundsforbindelsen（1993）：*Oeresund Landanlaeg. Projektforslag marts 1993*.Arkitektur og landskab,p.34. Rapport A3–format

进行了一致的垂直放大。图 5.11 是选择性放大剖面的一个例子。为了清晰起见，可能有必要夸大地形的高差，但建筑物和其他特征的扭曲比例会造成问题。在图 3.18 中，就在运用技术性精准剖面的同时辅以环境透视的表达。图 3.19 是道路中线的技术性剖面，是垂直高度放大的纵断面。

土壤

联合国粮农组织（IUSS 工作组 WRB，2014）将土壤定义为"地球表面 2m 深度范围

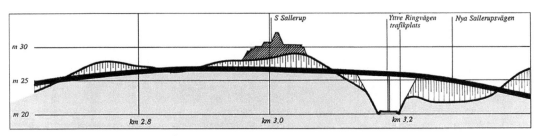

图 3.19 道路纵断面
粗的弧线代表着一条拟议中的瑞典公路，灰色则代表着未影响到的土壤。道路线上方或下方的垂直纹理表示挖方和填方。图中高度被放大了 10 倍。
来源：Vägverket（1994）：*Öresundsforbindelsen Malmoe.Ytre Ringwagen*，*Jarnvagen*，*Broanslutningen*.Arkitektur och landskap. Kristianstad，p. 33

内与大气接触的任何物质，不包括生物、不被其他物质覆盖的连续冰层区域以及深度超过 2m 的水体"。这一宽泛的定义包括各种情况。大多数景观分析侧重于将土壤看作自然和半自然栖息地（如森林、沼泽地、草原等），以及决定土地利用，特别是农业的关键自然要素。作为建筑材料和建筑基础的表层和底层土的性质和条件对于道路、铁路线路和建筑结构的选址也很重要。另外从土壤条件也能侧面看出一个地区的历史发展。

在景观分析中，有两种类型的分析特别用于对给定场地的土壤进行分类：底层土和表层土。底层土是指深度不超过 2m 的地表状况（图 3.8），但不包括表土。表层土是指最上面的 20cm 深的土，与农业和园艺关系最密切（图 3.10）。黏土含量、有机物质、土壤剖面和酸度是土壤的四个显著特征。大多数国家都有自己的土壤分类。在国际上，联合国粮农组织的《世界土壤资源参比基础》（2014）旨在成为国际交流的共同标准，并完善各个国家的土壤分类系统。它有两个层次，32 个参考土壤类别，以及每个类别中主要和次要的规定。第一个层次主要基于形成过程，但不包括含有稀有母质的土壤。第二个层次基于土壤特征，在许多情况下，考虑的是对土地利用有重大影响的土壤特性。

水文和水系

在已经掌握水文系统和网络的科学知识和绘图方法的情况下，专业景观设计师的任务应该是将这些信息与其他分析维度相结合，并突出其对项目和政策的重要性。历史地图和当地人的描述可以帮助确定因水位升高而遭受洪水的地区。在城市地区，重要的是分析人工水网，如暴雨排水管和管道。分析制图需要将自然和人工水网的位置、垂直关系和相对标高、流量和流态等内容表达出来。

图 3.20 和图 3.21 是依据丹麦霍尔斯特布罗地区的地形模型和水力评估，来确定河流和湖泊洪水风险区域的示例。通过山谷侵蚀作用，斯托拉河形成了广阔的汇水区，向山谷输送了大量地表水。过去，山谷里的农民受益于低地的草场被洪水淹没，并定期用河

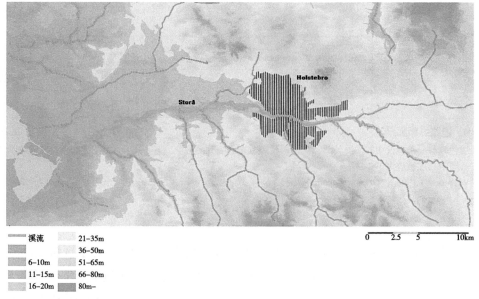

溪流	21~35m
	36~50m
6~10m	51~65m
11~15m	66~80m
16~20m	80m~

0   2.5   5   10km

图 3.20 汇水区地形模型

地形模型显示了丹麦第二长河斯托拉的部分汇水区，以及流经霍尔斯特布罗市的一段。绿色和黄色、棕色的不同色彩表示海拔高度（m），以 5m 为分界线。在过去的 40 年里，这座城市曾发生过三次大洪水事件。

来源：丹麦和格陵兰地质调查局（GEUS 2016）：Maps of Denmark– Height and depth map.Terrain model of catchment area Storaa，DK

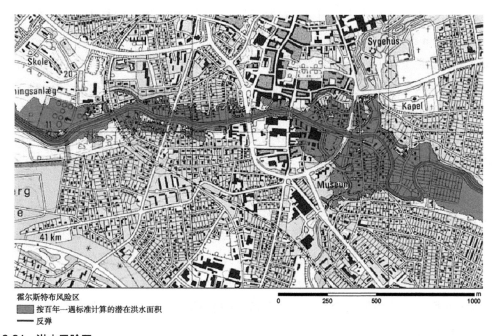

霍尔斯特布风险区
■ 按百年一遇标准计算的潜在洪水面积
— 反弹

0   250   500   1000   m

图 3.21 洪水风险区

霍尔斯特布罗镇的低洼地区是欧盟认定的"危险区域"。红色"风险区"是根据计算的"百年一遇"的斯托拉河洪水的影响范围。1970 年洪水达到了这个强度。计算基于当地经验和依托地形模型和水力评估进行的风险评估。

来源：丹麦环境部（2011）：*Endelig udpegning af risikoomraader for oversvoemmelse fra vandloeb，soeer，havet og fjorde.EU's oversvoemmelsesdirektiv*（2007/60/EF）*.Plantrin 1，Appendix A：Risk area Holstebro*，p.101

流中宝贵的高养分河水施肥。由于强降雨带来的洪水威胁，农民避免在低地修建农舍。

　　然而，随着农业开发的强度提高，斯托拉周围地区的水文状况已经随着土地排水、蓄水和渠化发生了变化，雨水会直接流入溪流，不会因储存、渗透和蒸发而延迟或减少。此外，霍尔斯特布罗镇，这个河谷中的"塞子"，规模扩大了许多，低矮处建了新的住房、道路和广场。河道的一部分已经埋入地下，改造成了管道，城市区域大量使用硬质铺装。

　　由于气候变化，降雨量不断增加，霍尔斯特布罗的城市地区开始发生越来越频繁和严重的洪水事件，最近的一次是在 2011 年。于是霍尔斯特布罗最低的部分在基于溪流、湖泊、海洋和峡湾洪水风险评估后被认定为"风险区域"，依据欧盟洪水指令（2007/60/EF），人们进行了仔细的分析，以找到修复水文系统的解决方案，并试图将雨水重新导入原有的湿地，进而存储并蒸发，同时项目适度引入休闲功能，通过调整城市规划增强城镇应对极端降雨事件的能力。

土地覆盖和土地利用

　　特定类型的土地覆盖和土地利用可能需要特定的制图和分析技术。有关土地利用的航拍照片中所解读出的信息，可以成为地形图的一部分。例如，你可以通过航拍照片，解读和区分落叶林和针叶林、旧树篱和新树篱、耕地和永久草原。图 3.22 是封闭农田的乡土景观案例，这些土地可以用于种植一年生作物，也可以作为永久的人工草地，地块之间通常由树篱或栅栏界定。其中比较重要的特征是土地的边界和一年生或多年生植被的分布（该地区其他照片见图 6.6 和图 6.7）。

　　湿地则需要分析水位的细微变化，因为这从根本上影响了植被覆盖。图 3.23 是湿地生物区及其周围区域的详细调查。图中的立体效果一方面是因为给树木区域加上了阴影，另一方面是给距离较远的草本上了深色，而给距离较近的树冠颜色上色较浅。

　　森林是一种特殊的土地覆盖和土地利用形式，在分析的需求和技术上具有悠久丰富的历史。大多数现代森林的一个重要功能是生产，专业的林业工作者使用标准地图来显示森林中木材的"存量"。例如，丹麦自然局为所有国家森林绘制的森林地图，提供了有关树种和各个森林地块建立时间的信息。但是，它们缺乏诸如等高线和森林空间结构等地形信息。

　　古斯塔夫森（Gustavsson）的森林分析方法（1986）详细描述了森林的空间结构（图 3.24），该描述还反映了该地区的植被生态和感性体验。复杂植被空间结构制图的难点在于草本层、灌木层和冠层之间的相互关系。因此，这些层很难同时表现出来，因为会让人形成一种从顶视角看到实际外观的印象。剖面表现的是水平延伸的森林层。三层中每一层的符号（加上未列出的"无顶遮盖"的符号）应在所有八种可能的组合中清晰可辨（四种为单一图例，三种为两种图例组合，一种为三种图例的组合）。大部分森林剖

图 3.22　乡村景观航拍图

深度不一的颜色表示该地土壤类型和水文状况的显著差异。照片中央的两个黑点是池塘，周围是不同用途（耕地、永久性草地和灌木林地）的沼泽地，右上角是林地、耕地和干草场互嵌的区域。霍尔斯列夫是景观特征分区的一个案例（图 6.6 和图 6.7）。

来源：斯基沃自治市（2009）：*Landskabsanalyse for Skive Kommune 09—en intro*

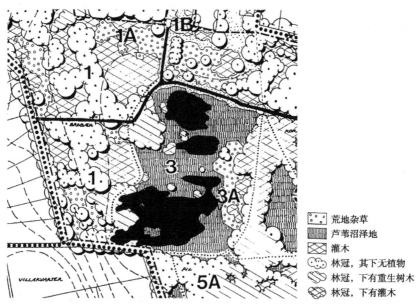

图 3.23　种植结构详图

此图在适宜的尺度下，精细地展示了湿地内植物群落的空间结构。区域 3 是森林中的一块空地，小湖泊被芦苇包围。3A 代表芦苇和树木植被之间的过渡带，有杂生的植被和几片灌木。穿过林地的虚线表示以前的小路的痕迹。1 区为再生林地和灌木林地的过渡带。

来源：Jensen & Thomsen（1986）：*Planlaegning af bynaere moser*.Master's thesis, p.115.Institute for Economy，Forest& Landscape，丹麦皇家兽医和农业大学，未出版

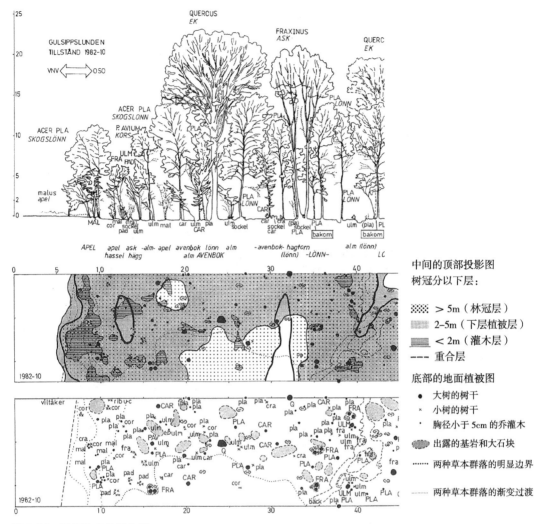

图 3.24　详细的森林结构图

这条 12m 宽、40m 长的瑞典森林边缘样带以三种互补的方式记录在"轮廓图"中：垂直投影（横截面）、树冠层的水平投影和森林地面的水平地图。结构剖面已用最上面的横截面图（剖面图）进行了表示。在中间的带有树冠投影的地图上，树冠的水平面积用不同的层次表示，而生长点则用黑点表示。最下面的图记录地表植被。地图中间的老栎树（Q）有高高的树冠，形成了大于 5m 的树冠层（带有黑点的栅格），同时还有一些标记，例如：Carpinus betulus（CAR），Acer platanoides（PLA）；灰色栅格表示下层植被（2–5m）的覆盖范围，而带线条栅格的区域则表示分散的灌木层（＜2m）。

来源：Gustavsson（1986）：*Strukturi Lovskogslandskap.Stad & Land*，48，p.108–110.Alnarp

面都包括高度超过 5m 的林冠层和 2-5m 的下层植被层。因此，在平面图上"游走"时，需要一定时间建立三维空间感。图 3.24 中的高度细节说明需要大量的调查工作。但对于横截面图来说，详细的调查仅在相对较小的区域中才可行。较大的区域可以使用无人机，航拍照片也能够获得充分的细节。丹麦自然局的 19 种森林开发类型目录（丹麦自然局，2005）中也采用了相同的表示方法，即用横截面表示森林层。

图 3.25 公园植被记录

植被图是用 CAD 绘制的。地图的数据基础是大量的植被和墓碑的实地记录。图中从便于规划的角度将树木和其他景观特征分为几个类别。

来源：Dragenberg（1999）：*Helhedsplan for Assistenskirkegaarden og Ansgaranlaegget i Odense*.Mas-ter's thesis. Institute for Economy, Forest & Landscape，丹麦皇家兽医和农业大学，未出版

图 3.26　改造前的哥本哈根公园

地图显示了动物园的一部分，区分了供游客使用的白色步行道和供动物使用的其他彩色开放空间。建筑物和树木的阴影以及西北方向的光线提供了一种三维效果，轮廓线可以加强这种效果。

来源：Joersboe（1999）：*Vejledning i fremstilling af terraenmodeller*. Section for Landscape，Department for Economy，Forest & Landscape，丹麦皇家兽医和农业大学，未出版

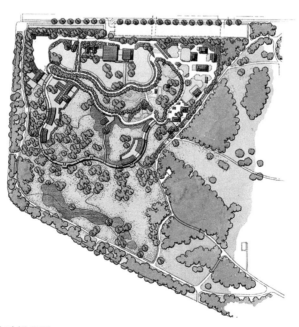

图 3.27　改造后的哥本哈根公园

在平面图方案中，使用了与勘测图中相同的符号和绘图技术，以便对现有情况和设计进行比较。

来源：Joersboe（1999）：*Vejledning i fremstilling af terraenmodeller*.Section for Landscape，Department for Economy，Forest & Landscape，丹麦皇家兽医和农业大学，未出版

公园是乡村和城市景观的另一个显著特征，它通常是指用于各种非生产目的人工植被的区域，主要是遗产保护和休闲娱乐。花园和公园中植被的形态、性质和状况是其功能和价值的一个重要方面，这些指标可以用传统种植设计的方法进行调查和表示。图 3.25 是灌木丛和树木在空间和结构方面的调查示例。图 3.26 和图 3.27 使用类似的技术，表达了作为更新项目一部分的地表覆盖前后对比的分析图。在这个尺度上，制图和分析与场地设计使用了相同的方法。

第 4 章
历史分析

引言

第 3 章强调了理解自然要素影响下的景观变化的重要性，以及这些变化如何反映在景观的生物物理属性和土地覆盖中。同样，景观历史也可以理解为一种深层次的文本，经过一代代人对要素、结构和模式的添加、删除和改变，最终凝练成的人类文化和活动的层积。

如果亲身俯瞰一处典型的欧洲景观，通常看到的将会是交织在一起的各个年代的自然和文化景观要素。这些要素在更大尺度上创造了新的结构和模式，赋予景观整体特征。其中每个要素都具有历史，有的短一些，有的长一些，有的可能很古老。有的因为被破坏或埋藏地下已经不可见了，只能通过考古学和土壤学来揭示。尽管如此，它们仍是历史的一部分，并通过其他的方式表达，例如地名。美国景观设计师安妮·惠斯顿·斯本（Anne Whiston Spirn，1998）提出了景观"恒久"和"瞬间"的两个维度。古老的地质构造和主要的人类活动特征被称为景观的"深层"背景。这种深层背景的解读包含各种景观的历史分析，例如地中海国家的梯田、英国的树篱结构，或 300 多年前丹麦皇室建立的狩猎森林。另一方面，瞬间维度是指景观中短暂的现象，比如季节性的色彩变化，它们是景观独特的组成部分，但没有在地图上标记。

法国地理学家让·伯纳德·皮特（Jean Bernard Pitte）曾指出："景观是写在一片荒芜上的诗"（Baker，2003，p.140）。"诗"中的字母是景观结构，是人类为了应对权力、经济、技术、社会组织、思想、宗教、自然灾害等方面的变化而进行的适应改造和创新。组合起来的景观要素（字母）创造出的模式（句子）可以作为诗歌阅读，并被观众、土地所有者或科学家诠释成不同的意义。

一个真正的历史景观分析需使用不同的素材来剥离、理解和解释景观在不同时期的变迁过程。从这个意义上说，景观分析人员需要有很多学科背景，比如历史学、考古学、地理学、建筑学和生物学。事实上，我们中很少有人能够掌握所有这些学科，但无论你是个人还是团队，全面的历史景观分析都需要多学科的方法。

如图 4.1 所示，景观在不断变化。文化景观发生变化通常是因为它们不再像居住或参观的人所期望的那样发挥作用。这随时都在发生，例如一个海湾变得淤塞，不再适合运输或是无法应对气候变化加剧的洪水和上升的海平面，不得不在沿海低洼地区安装保护设施或搬离定居点。同时技术也在变革——比如船舶太大而无法驶入海湾，新能源被开发（例如煤代替了水力和风力发电，或新机械被开发用于农业，现有的模式和技术在新形势下已经过时）。经济和市场也在变化，因此传统耕种土地的方式不再满足当地社区生活，或有不同价值观和需求的新兴人群加入进来，如游客或城市白领。有许多导致文化景观变化的因素，因此历史分析必须确定导致景观快速或显著变化的关键驱动力量或事件。据此，便可以制作景观传记（Roymans et al.，2009）—— 一个关于景观的故事，就像一个人的生活史一样——只是景观传记永远不会完结，因为景观总是在演变。

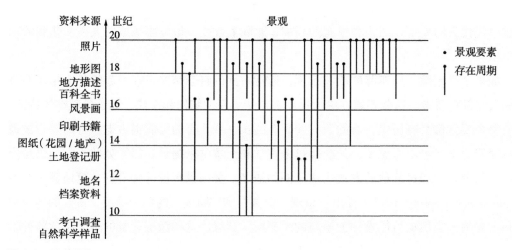

图 4.1　历史层次

这张图展示了从中世纪早期到现在超过一千年的景观历史。左栏显示景观分析关键资料出现的大致时间。每个景观要素都有一个"时间印记"，指的是它在历史记录和生命周期中出现的时间。2000 年的元素现在还在地表上，而之前几个世纪的元素点已经消失或隐藏在地下，成为潜在的考古证据。

来源：先后由 Vervloet 和 Stenak 完成（1984）: *Inleiding tot de historische geografie van de Ned-erlandse cultuurlandschappen.* Pudoc Wageningen

与规划的关联

为何理解历史对于景观分析如此重要？在所有的规划中，我们都需要面对"景观未来往何处发展"和"应该遵循什么路线或者采取什么方法？"等问题。然而，为了明确规划的目标和最佳的实现路径，必须弄清楚我们曾经经历了什么？何种资源和价值在发挥作用？以及未来路径的选择对已有的这些意味着什么。如果我们不能清晰地知晓来路，就如同拿着一张指明目的地的地图，但不清楚自己在图中什么位置，以及如何到达目的地。因此，需要进行历史分析。

对于不同的规划或设计方案，历史分析的重要性也可能不同。在规划新开发的项目时，历史分析通常是现状分析的一部分，主要用于加深对对象区域的了解，也是发现场所精神（genius loci）的一种方式。宽泛地说，场所精神是指一个地方的主要特征或氛围。这一概念通常结合场地解读用于规划中，其结果对规划的方向具有重要意义。例如，如果一处景观长期保持不变，那相比一直动态变化的景观，对它的改变可能需要更加谨慎，因为对后者来说，变化已经是景观的一部分，进一步的变化更容易被接受。凯文·林奇在他的《此地何时？》（What time is this place?）中也有相关论述（Lynch，1972）。历史分析还关注土地覆盖和土地利用变化的信息，这些信息包含了如洪水、滑坡、侵蚀等灾害的风险警告，同时也能反映栖息地恢复的潜力。

本章以丹麦、意大利和德国为例，与世界上其他许多被殖民文化破坏和同化的地方不同，这些都是具有悠久历史的典型欧洲景观。这意味着文化活动的各个层次密切相关、相互依存，共同创造了丰富的历史结构，同时表现在景观特质之中。在殖民地国家，早期活动的证据和痕迹往往已经丢失或被掩盖，甚至摧毁，这会使得分析更具挑战性。

历史分析的资料

历史分析需要广泛的资料，包括发掘报告、遗址田野考察、档案材料、调查问卷、访谈、统计数据、航拍、照片和绘画。与其他历史研究一样，景观历史分析准确性取决于资料来源的可靠性。因此，区分一手资料（原始历史记录或实地调查）和二手资料（如其他学者绘制的地图）很重要。

研究景观历史的资料并不是按时间顺序均匀分布的。社会兴衰、文献的丢失、新技术的发展都对研究资料产生影响，因此在不同的历史时期，需要根据获取的不同类型资料运用不同的分析技术。

研究文字记录并不多见的古代（公元 1000 年以前），分析人员必须进行考古调查，使用土壤或植物样本进行科学验证，或依靠表面上少数残存的要素，如墓葬、巨石墓和古代建筑的遗迹。只有少数碑刻和现存文献记载了具体的景观事件或特征。

中世纪时期（约公元 1000 —1500 年）书面证据的数量大大增加，是现今欧洲大多数国家 / 地区主要的档案记录来源。其中重要的资料包括景观资源利用的立法、税务登记簿和土地记录。同时聚落、田野等含有景观元素的地名在历史分析中具有特殊作用，可以用来揭示场地演变的脉络和大致年代。

15 世纪印刷术在欧洲迅速发展，书籍和地图的数量迅速增加。从文艺复兴和启蒙时期（约公元 1500—1800 年）起，越来越多的土地登记册、区域概述、庄园和花园的图纸、风景画、地籍图和最早的准确地形图开始出现。仔细使用这些资源，我们可以在小尺度上还原历史景观的全貌。

在过去的 200 年里，详细的地形图在数量和精确度上都有了提高，现在的历史景观分析通常以此为基础。在 19 世纪，大多数欧洲国家开始登记本土的人口普查数据、土地使用规模和行政区的详细描述。1850 年以来，摄影作品成为分析时重要的资料来源。

上面所提到的材料是历史景观分析资料的一部分。访谈、老电影或诗歌也包括在内。当然，资料来源的选择取决于分析目的、数据的可获取性、如何进行分析构思以及投入的时间。记住一点：把握田野调查和直接体验风景的机会。虽然只能看到现存的元素，但置身于景观之中将有助于建立场所感和增加对时间深度的理解。

三种方法

历史景观分析可以基于三种不同的方法：回顾法（retrospective）、追溯法（retrogressive）和年代法（chronological），下文将详细阐明它们之间的差异。三种方法的详细说明可见荷兰历史地理学家 Jelier Vervloet（1984）编写的教科书。为了避免混淆信息，这里省略了科学含义上的思考，但丹和雅各布森（2008）简要总结了这些讨论和思考，可供进一步阅读。需要注意的是，历史景观分析必须考虑每一个分析要素的尺度、代表性、说明性、可靠性、稳定性和变化速率等问题。回顾性分析的概念已经在第 3 章用地质作用解释现状地貌和土壤类型的案例时介绍过了，我们会先进行阐述，然后介绍一个追溯法的例子，最后是年代法的案例。

回顾法

回顾法（图 4.2 和图 4.3）是一种"回顾时间"的方法。回顾研究往往是面向未来的，用于指导规划的。这种方法曾经被用来研究丹麦的村庄历史和文化环境、荷兰的历史景观和英国的历史景观特征（Moeller, Stenak and Thoegersen, 2005; Rippon, 2004）。分析通常以现在为起点，在资料充足的情况下也可以从某个历史阶段开始，如 Porsmose（1987），他使用 1800 年左右的地籍图来研究中世纪的村庄结构。

回顾法是一种剥离技术，通过不同的证据追溯每一个分析要素的时间脉络。例如在某一时间点上，该要素在证据中"消失"，这表明它作为连续特征出现的时间跨度的起点。当所有的元素都被绘制成地图并标注日期后，就可以创建一幅图片，表现景观要素不同时间层次和选定部分的主要历史阶段。通过这种方式，可以定义保存良好的历史景观，

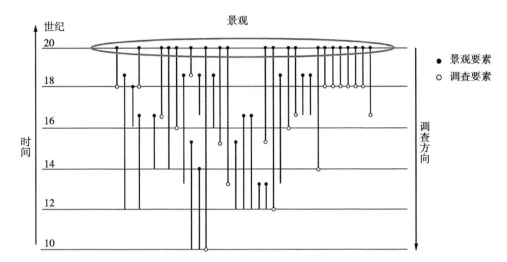

图 4.2　回顾法

该方法常用于对当今景观要素的历史回顾和研究。

图例与图 4.1 相同。

来源：Moderated by Stenak after Vervloet（1984）：*Inleiding tot de historische geografie van de Nederlandse cultuurlandschappen.* Pudoc Wageningen

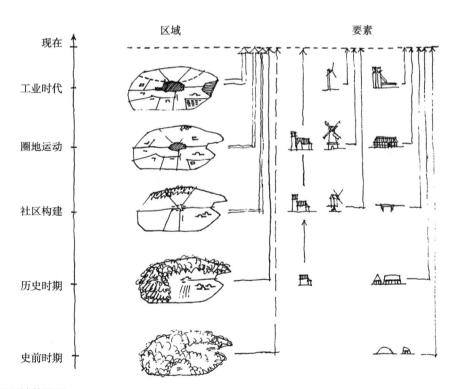

图 4.3　回顾法的图示

图中所示是一个典型的丹麦地方行政区一些保存至今的景观要素的"时间深度"。

来源：Danish Ministry of Environment（1983）：*Fredningsplanlaegning og kulturlandskab -Kulturgeografien.* Department of Geography at the University of Copenhagen and Danish Ministry of Environment，Conservation Agency

例如封闭的村庄、古老的树林或历史模糊和混杂的景观（"日常景观"）。

在前一章中，我们讨论了理解生物物理景观格局和特征需要分析其形成原因，并解释了通过谱系分析方法，基于生成过程分析不同类型的地貌和景观要素，例如冰川。当我们试图理解景观的人文维度时，这种方法同样适用，甚至更适用。

当分析建立了一个丰富的数据库，可以按地点、年代和类型进行排序时，就可以进行景观历史叙事的创作了。人类活动的主要阶段是什么？什么时候发生了重大变化？哪些地方和活动仍保持相对不变？哪些新的活动、要素和价值被引入，哪些已经过时、丢失或破坏了？景观向我们讲述了什么故事？注意，这里的故事（stories）并不是一个故事，这是因为历史景观分析是关于人的历史，不同的人、不同的社区在不同的时期有不同的经历、不同的价值观、不同的故事。因此，分析需要保持对景观多样的历史和视角的敏感度，清楚因采纳不同的观点而产生的差异，以及梳理出串联这些故事的共同线索。

最后，当对景观变化的方式有了清晰的理解后，就应当梳理景观特色，识别景观特征同质的区域，提炼和明确景观的特征和分类（见第 6 章）。相关的表述可以是：这是一种类型的历史景观，因为……；这个区域具有不同的景观特征，因为……。

追溯法

追溯法（图 4.4）是一种重构的方法。追溯通常是面向过去的相关研究。它经常被用于现状分析，以理解或解释证据缺失的某一历史时期。由于缺乏详细可靠的地图，因此需要进行重构。假设某些景观元素是"恒定的"，你可以使用较新的地图来构建一个当时的景观结构，或者添加其他证据中记录的历史元素。在丹麦，弗兰森（Frandsen，1983）进行了有力的追溯研究，他将 18 世纪晚期的地籍图与 1682—1683 年的土地记录相结合，绘制了 1680 年的田野系统地图（图 4.5）。通过重构展示了景观是如何在特定的时间点形成的，并帮助我们在证据有限，想象困难的情况下理解历史景观。

然而，在修复项目中，如栖息地恢复或庄园改造时，历史分析发挥主导作用并以行动为导向，用来识别能够反映场地特征的关键要素和变化阶段，用以向游客进行展示（图 4.6）。是否有一些微妙的历史痕迹或元素可以保存下来，甚至通过规划加以突出，从而使它们重新具有积极意义？此时分析要转向以再现一种以前的、被记录的状态为目标，重构就是实现这一目标的重要原则。因此历史分析的结果要与规划方案对应起来。

年代法

年代法（图 4.7）是"回顾时间"和重构的结合，在这种方法中，可以建立景观演变过程中几个时间片段的全貌。因此，该方法是面向过去和未来的，适用于规划和研究。这种方法通常会阐明大多数景观要素的时间深度，并加强对连续、缓慢变化和快速、急

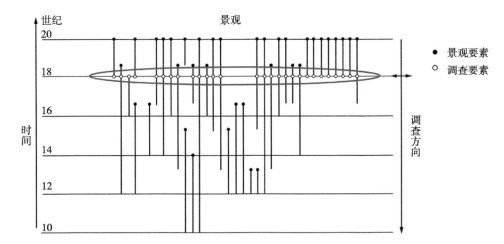

图 4.4　追溯法

这种方法选取历史上"恒定"的景观要素，将同时期的证据与后期记录的资料进行比证，来重新建构当时的景观横截面。

来源：Moderated by Stenak after Vervloet（1984）：*Inleiding tot de historische geografie van de Nederlandse cultuurlandschappen.* Pudoc Wageningen

图 4.5　追溯法的图示

该图是根据 18 世纪晚期地籍图中 1682—1683 年的土地记录重构的新西兰 Starreklinte 村庄的农田景观系统。黑色线是村庄其中一块农场的可耕地。A. 牧场；B. 地界；C. 农场建筑；D. 农场的耕地。

来源：Frandsen（1983）：*Vang og taegt.* Bygd，Esbjerg

图 4.6 追溯法的使用，柏林莱姆别墅

柏林哈维尔河畔的莱姆别墅就是一个在小尺度下使用追溯法的例子。莱姆别墅是一座建于 1908 年的花园。1913 年新建了意大利文艺复兴风格的露台。1998 年,柏林的全国花园管理局在对花园展开详尽的追溯分析后进行了重建。当重建的目的是尽可能准确地还原历史状态时，历史景观分析需要以行动为导向。

来源：Stahlschmidt，P. 摄

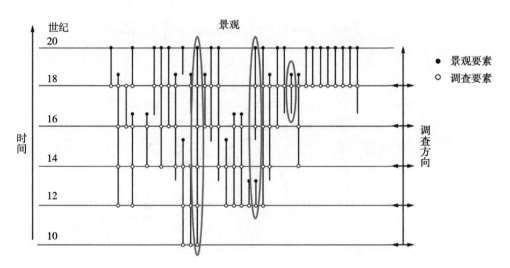

图 4.7 年代法

这是一种基于大量的证据、资料对景观的几个历史时间片段进行重构的方法。

来源：先后由 Vervloet 和 Stenak 完成（1984）：*Inleiding tot de historische geografie van de Nederlandse cultuurlandschappen.* Pudoc Wageningen

维京时代，约 900 年

约 1634 年

20 世纪 50 年代

图 4.8 年代法在教学中的应用说明

用鸟瞰视角描绘了 9、17、20 世纪三个时期的历史景观。在时间序列中，插图的角度和风格是一致的，同图 8.10 "不同发展计划的影响"。

来源：Joergensen.J.绘制, From Etting（red.1995）：*På opdagelse ikulturlandskabet.* Danish Ministry of Environment and Gyldendal

促变化的理解。此外，它论证了历史进程如何塑造特定的景观特征，反之亦然。这是一个非常耗时的方法。因此，它通常与大型土地开发或研究项目有关，并应提供详细的规划建议。第 8 章中的图 8.10（Oppdal）展示了一种常见的年代分析方法。欧普达尔（Oppdal）一系列具体的图像分析描述了未来的发展蓝图，同样也很好地展示了历史发展过程。在进行历史发展分析时，可以将各个时期的照片运用其中。

根据过去 250 年的地形图和地籍图，通过对三个时间段进行景观分析，可以实现年代法的一种简便运用（图 4.8）。但是，用该方法分析地图出现之前的年代就比较困难了。

在基于地图的年代分析中，有三个选择尤其重要：分析选取哪些对象（例如建筑物、湿地、田野、森林或道路）；包括哪个年代（应该是既引起关注又容易获取资料的时期）；以哪张地图为基础（一张当代的或历史的地图，一张淡化的地图，还是一张白纸）。景观分析人员对于资料的获取往往有限，分析时不能主观地选择历史分析包含的时间点，必须依赖于地图或其他数据中偶然出现的年份。理解这一点很重要，因为系列地图只显示特定时间点的景观格局，并不能反映所有变化。在两张地图之间的时间段，景观要素是可能反复出现或消失的。

留意分析中使用的原始地图的比

例和用途，以避免造成误读或过度解读，这点也很重要。在许多连续的地形图中，符号的含义一般是一致的，这是进行可靠的历史分析的关键条件。不过，最好还是注意检查一下这些符号在研究时段内是否发生了意义上的变化，例如树篱、土路、湿地等。最初的地图上表示树篱的符号可能后来有所改变。这就涉及另一个问题：地图修订。地图每隔一段时间就修订一次。不过有时只修改地图的一部分，例如道路和城市边界。无论地图是被全部或部分修改，通常都会在图上注明。

基于地图的分析揭示了景观在何处以及如何发生变化，但并未解释这些变化背后的原因。如果地图本身没有明确的说明，例如因修建大坝而出现的水体，那么就必须依靠其他资料对变化进行解释，如统计数据或口头和书面材料。这会运用到各种方法的组合，而整个过程串在一起就可以形成景观故事或者景观传记，如本章后面所述。

这里要交代几种年代分析的补充分析形式：（1）系列历史地形图；（2）系列历史专题地图；（3）综合地图。前两种需要用到连续的地图，其中每张地图反映了发展过程中的某个特定阶段，而最后一种需要在单个地图中呈现多个阶段的动态。这三种分析变化的目的本质上是相同的：揭示特定区域内，从时间 A 到此后的时间 B 之间的差异。如果两幅地图在比例、符号的形式和含义上相同，会更便于相互比较。例如第 3 章中哥本哈根动物园的"前后方案的对比"（图 3.26、图 3.27）。除了这三种年代分析的方法外，还有一种景观传记的方法。

补充分析

历史地形图

在地理术语中，比较不同时期的地形图称为基于地图的分析。"地形图"是指普遍的地形描述，与"专题地图"不同。图 4.9 展示了在 1871 年到 1975 年之间位于斯基尔（Skjern）河谷 Sdr.Felding 村的发展过程。三张地图都标示了绘制的年代。

历史专题地图

比较不同时期的两幅或两幅以上的专题地图，通常是将给定主题与其他场地要素联系起来的最佳方法。分析同样基于地形图，可能会进行去色处理，整个阶段的底图相同，也就是说，是同一时期的，选择哪个时期取决于分析的目标。图 4.10 中的底图显示了海岸线在不同时期的状态。图 4.11 可以比较托斯卡纳地区两个历史阶段（1935 年和 1985 年）四种土地利用的动态变化。此外，每种土地利用都进行了 50 年后的预测（2035 年）。图 4.12 用最简单的形式展示了一幅综合历史地图，在 1798 年奥尔堡（Aalborg）港口带有特色建筑的历史草图上叠加码头和它现在的边界。这不仅突出了过

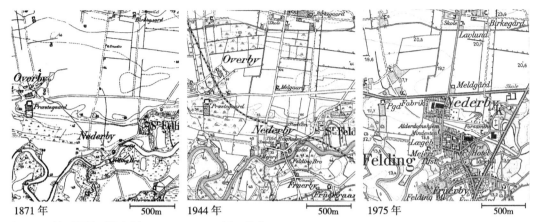

1871 年　　　　　　500m　　　1944 年　　　　　　500m　　　1975 年　　　　　　500m

图 4.9　地形图的时间序列。Sdr. Felding 村，丹麦

比较三个时期的景观结构和土地利用变化。第一张 1871 年，第二张 1944 年，第三张 1975 年。在 1871—1944 年期间，
在地图边缘修建了洪水灌溉设施。这项投资是日德兰半岛中部农业系统转型的一部分，从耕地生产转向畜牧业，
实现了在曾经的沙河梯田上进行放牧。在 1871 年这张图中，我们只在河谷底部发现了草甸的标志。在 1944 年的
地图上，由于灌溉系统的作用，许多牧场地块出现在山谷台地上。在 1944—1975 年期间，作为技术升级的一部分，
铁路和灌溉系统被废弃，同时道路系统快速发展。因此，随着时间的推移，Sdr. Felding 村已经从一个与农业紧密
相关的村庄变成了一个很大程度上不再依赖农业的乡村城镇。

来源：Jensen and Reenberg（1980）：*Dansk Landbrug. Udvikling i produktion og kulturlandskab*，p. 30. Department of
Geography at the University of Copenhagen. ©GST. 包含来自丹麦地理数据局的数据

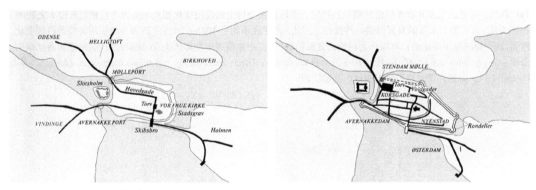

图 4.10　专题地图的时间序列

左图显示了约 1450 年位于城市所在岛屿以西小岛上的丹麦尼博拉（Nyborg）城堡。右图是 1550 年左右的。在这
100 年的时间里，城市中心向东扩展，街道网络发展壮大，主广场向城堡靠近。每一个阶段的变化都对下一个阶
段产生影响。1450 年的街道出现在了 1550 年的地图上，甚至在今天的尼博拉城堡也依然存在。这两幅地图反映
了城市生成、在整体景观中的位置以及城市特征等关键信息。除了街道网络这一 "主题"，图中还有如海岸线和当
时有名的建筑等其他重要的特色要素。

来源：丹麦环境部（1994 年）：*Kommuneatlas Nyborg*，p.8

去不规则、轮廓参差的海港和现今流线形形态之间的对比，还标出了 1798 年以后建立的
填筑区。该分析对码头发展过程的几个阶段进行了研究，只不过在最后的报告中只展示
了一头—尾两个阶段。

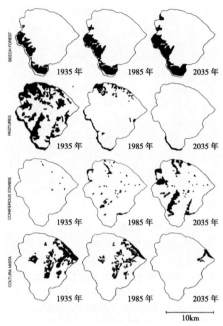

图 4.11 意大利 Solano 盆地土地利用的转型——四种用地类型

通过四组专题图表示托斯卡纳地区异质景观土地利用的主要变化，每组地图代表一个主要的土地利用类别：山毛榉林、牧场、混合耕地 "coltura mista"（传统地中海农业的一年生和多年生作物混种）和针叶林。这四组地图以一种简单的方式展示了从 1935 年到 1985 年，大部分的牧场和高产的 coltura mista 是如何消失的。部分牧场已被针叶林所取代，而被山毛榉林覆盖的地区则相当稳定。通过详细分析土地使用变化和土地类型（包括过渡带）之间的相互关系，有可能为未来的发展提供一种设想。因此，图中还预测了 1985—2035 年四种土地使用类型的可能变化。然而，这种预测是不确定的；可以作为讨论的背景信息，但将此类预测作为具体决策（比如投资）的依据是有风险的。

来源：Vos & Stortelder（1992）：*Vanishing Tuscan landscapes. Landscape ecology of a submediterranean-Montane area*，Figure 11.13，p. 289. 普多克科学出版社，瓦赫宁根

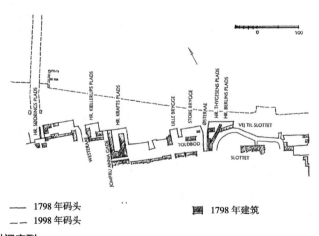

—— 1798 年码头
— — 1998 年码头

▨ 1798 年建筑

图 4.12 滨水区的时间序列

丹麦奥尔堡滨水区的填海造地正在改变该市的特征和功能。这张简图显示了现有的码头岸线在 1798 年时的情况，这为 1998 年的设计研究提供了有用的参考，该研究旨在明确城市中心和峡湾之间未来的关系。

来源：Brandt（1998）：*Aalborg – en by ved fjorden*. Master's thesis，p. 8. Institute for Economy，Forest & Landscape，丹麦皇家兽医和农业大学，未出版

综合绘图法

不同于历史地形图和历史专题地图，综合分析在一张地图中表达发展的动态过程，前者每张地图只显示过程中的一个阶段。在综合分析中，符号可以表示不同的分类，例如"1894—1910 年的造林"（图 4.13）。

出于对地图历史价值的尊重，历史学家通常不会在地图上添加后来的变化发展。然而，有时一个简单的补充可能比冗长的解释更有用。图 4.13 提供了关于造林和减少林地的动态变化。以地形图作为底图，将新增林地与其他景观要素（如地形的坡度）进行比较，不过图纸的清晰度略显不足。

哈格斯特朗（Hagerstrand，1993，p.27）指出，即使将所有时间片段合并成一张地图，它们仍然是景观动态发展的静态描述。真正的动态印迹需要基于对一系列连续静态图像——类似于电影效果的观察。

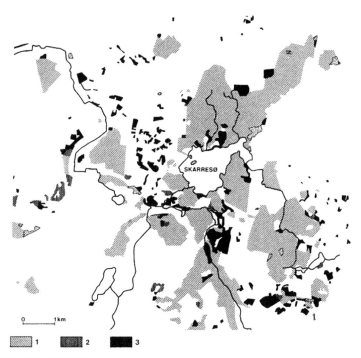

图 4.13　森林变化的综合时间序列
图中显示的是丹麦 Jyderup 附近的造林动态。这张图是对 1894 年、1910 年和 1971 年三幅不同年代的地形图进行比较后得出的。林地的变化显示为 1894 年地图上的老林地（1– 亮），1894—1910 年造林（2– 暗），1910—1971 年建立的林地（3– 黑色）。在 1894 年到 1910 年之间，有一小部分森林被砍伐（灰色点）。较大面积的新增林地在现有森林范围之外。部分地区在 1910 年至 1971 年期间非常活跃，新增了很多不到一公顷的小林地。通过进一步的调查发现，这些地区为丘陵和沙地，不适合耕种。
来源：丹麦环境部（1983）：*Fredningsplanlaegning og kulturlandskab*

景观传记

文化景观持续不断的变化可能是由于生物物理事件（如一场大洪水）、经济事件或危机、技术创新（如一种新的农业生产方式）、政治事件（如一场战争），甚至是个人的行动（例如，决定在某处立足的企业家）。正如自然景观在一系列动因中演变——在较长时间的相对稳定中间隔着快速变化的时期——文化景观也是如此，明确变化的本质和驱动因素是历史分析的核心。

景观传记是一种帮助描绘和解释文化景观变化的分析方法（Roymans et al.，2009）。景观传记借鉴了文学研究中传记的概念，它指的是对一个人生活史的描述，包括：他们出生在哪里，如何成长，哪些事件影响他们的生活，以及这些事情如何塑造了他们的性格，景观传记将这一方法运用于景观对象。罗伊曼斯（Roymans）等人在用景观传记的方法研究了荷兰南部正在经历快速城市化的地区。传记汇集了不同学科的大量资料。同人物传记一样，其中最关键的点在于如何理解变化的重要节点或阶段，即导致景观获得新的发展条件和环境，或出现新发展方向的事件或时期。关于荷兰的景观传记可以在公开的网站上获取，仔细查阅就会发现它与欧洲景观公约的要求完全契合，是一种有效的分析工具。

第 5 章
空间分析

引言

人类有一套独特的身体特性和感官能力，这些塑造了我们体验周围世界和认识空间的方式。更好地理解景观分析的方法是把自己想象成一种动物，比如一只狐狸。

想象你住在一个狐狸窝里，那是你世界的中心，也是你睡觉和养育后代的地方。这个洞穴是精心挑选的——位于多条逃生路线的中心。你从这里出去觅食，通常会沿着特定的路线，穿过周围各种有食物的地方，同时避开危险或障碍物。现在想象一下，你正在接受两个学生的采访，他们正在进行一项关于狐狸景观的研究。他们（亲切地）要求你将身边的景观画成一张图。当他们看到你画的图时，他们可能会注意到关键部分的空间结构与人类绘制的地图非常相似，是由包括路径、标志物、边界等构成的。

遗憾的是，要让狐狸接受采访并不容易，即使是一个友好而合作的狐狸，也很难清晰地描绘出自己的景观地图。尽管如此，对于这个想象中的例子，还是可以得到几点启示。

第一点，尽管景观感知是人类大脑和外部世界（与人类意识联系密切）之间一个相互作用的过程，但主要还是通过眼睛、耳朵、鼻子、口味和身体运动的感官体验——狐狸也使用相同的感官，虽然敏感度不同。第二点要指出的是，狐狸是通过经验，通过无数次成功和失败的猎食来了解周围环境的——最初是作为一只小狐狸通过玩耍来训练的，后来通过艰苦的现实生活学会的。狐狸脑袋里的景观主要是通过与物质世界的实际接触而产生的，狐狸让自己放松享受景观的方式和人类与环境相处的方式类似（Ingold，2000）。第三点，与狐狸不同的是，风景园林的学生可以从人类文化所积累的知识（书面的、口头的、图形的和数理的）中学习，比如通过阅读本书。因此，分析成为生活经验和应用所学知识的结合，有时很难区分它们。专家们可以将两者无缝地结合在一起使用，但我们在学习时，还是需要明晰二者的区别。从这个例子中得出的最后一点与景观分析更为普遍相关，即本书中介绍的（人类）行动导向的景观分析类型与人类价值观以及生物物理景观联系在一起，许多景观分析概念与景观生态术语有着显著的重叠（Steinitz，1986；Gobster et al.，2007；Fry et al.，2009）。这对于我们所说的"空间分析"来说尤其如此，也是本章的重点。我们将在下文中回到这些重叠部分，并在本章的最后讨论一些对景观分析的影响。

空间分析是对景观空间关系的研究。它关注景观中不同模式、要素和特征的相对位置和重要性，以及我们如何通过感官、运动和身体接触来体验景观。在空间分析中要解决的是"什么是景观的架构，它的空间结构是什么，它的空间表达是什么？"

空间分析关注景观的结构，景观如何被安排，景观如何被理解，以及我们如何在其中定位自己等问题，因此空间分析与视觉分析密切相关。在空间分析中，从一个特定的角度来看，景观的视觉特征可以像描述一栋建筑一样，描述它的可见特征——屋顶、立

图 5.1 Hammershus 城堡——空间视图

景观设计师如何从空间上解释丹麦 Bornholm 岛的景观呢？图中从城堡到白色建筑的线性要素显然就是路径，通向游览目的地和游客中心节点。这座桥以及更大尺度的城堡本身都是沿途的标志物。右下角的斜坡、背景中的森林边缘和墙壁都形成了空间边界，而被石墙包围的地块创建了一个独特的围合区域。在本章中，我们将介绍一种使用符号的空间语言，使景观分析人员能够更好地了解一个地方的空间格局，并使用一种可以分享的语言来理解景观的空间意义。

来源：Stahlschmidt，P. 摄

面、窗户、门等的形状、颜色和纹理。然而，空间分析并不局限于图像这样的二维形态。而是必须包含三维信息，这样才能形成三维空间。空间分析的挑战之一是在一个二维的平面（如屏幕或纸张）上表示景观全部的三维信息，于是许多不同的空间投影和表达技术被开发出来。因此，空间分析的一个关键步骤是决定使用什么技术。

空间分析不应与空间需求分析混淆，空间需求是分析一个区域的大小或条件能否满足特定需求，以及景观的空间容量、功能潜力和敏感性能承载什么样的建设项目。这个问题包含在"选址分析"（第 7 章）当中。

主要案例：城市意象

1960 年，凯文·林奇写下了《城市意象》（*The Image of The City*），因为他对人们在遍布美国的巨大网格城市中的穿行能力感到困惑。他让其中一些城市的居民每人在脑海中画一幅他们城市的地图，基于对这些地图的分析，他使用了图 5.3 中的五种符号，创建了一个符号系统来记录共享的城市"意象"。这项工作为城市景观分析提供了持续的基础，尽管"意象"是关于城市的，但该方法也被证明适用于乡村景观，并且影响了景观生态学的语言（见第 1 章关于斯坦尼兹的注释）。后来林奇在他对美国玛莎葡萄园岛的研究中，展示了该方法在乡村景观背景下的应用（Banerjee & Southworth，1990，p.316—337）。

林奇分析的目的是突出城市空间结构中的元素和特征，使人们能够在城市景观中"导航"。《城市意象》描述了该方法是如何创建和改进的，并提供了实际应用的例子。接下来重点介绍针对具体实际目的而对方法进行的修改。

首先这种方法的有效性体现在对任何尺度都适用，大到一个地区，小到一个花园，因为这些符号只是根据上下文呈现出不同的含义。例如，伦敦将被标记为英国地图上的一个"节点"，而特拉法加广场则将是伦敦地图上的一个节点，纳尔逊纪念碑将是特拉法加广场上的一个节点。换句话说，凯文·林奇发展的空间语言是指构建空间的基础架构。

而就类型而言，林奇分析是一种定性分析（相对于定量分析）。但是分析并没有评价景观质量，因为对象的感知体验并没有被评价为积极或消极。因此，它类似于景观特征评估（见第 6 章），分析的是景观的独特性，而不是好坏。

林奇分析的对象是景观的三维物理形态：它的结构和要素、范围和区域、边界和边缘、特征和地标、路线和节点，它们赋予景观空间结构，由图 5.3 所示。根据不同的情况，可以修改符号，并添加新的符号来表示所调查景观的基本特征——如图 5.5 所示，创建符号来表示局部的障碍物。凯文·林奇在进行景观分析时，也强调符号运用的灵活性和实用性。因为它们是一种表达研究对象的方式，一种用于空间分析的词汇，而不是对象本身。

最初林奇分析的信息来源是被访谈的人，他们绘制了包含自身对城市理解的地图，然后林奇基于这些地图进行了分析并创建了这种分析类型。通过让居民或其他使用者分享他们对空间的理解来进行分析是可行的，并且能挖掘出对特色景观的多元见解，但是过程也是耗时的。因此更常见的使用林奇方法的空间分析是由专业人员进行的，基于他们对地图、航拍照片的专业解读和实地勘察，使用林奇的空间语言进行景观分析。

在林奇分析中，有相当多的个人判断和专业解释的成分。边缘或节点等符号使用是相对于研究区域的，并不是由景观元素的绝对大小来定义的，而是由分析者对其重要性的感知来定义的。因此，必须清楚地了解其目的、所作的假设以及给定的限制。一个常见的陷阱是把研究区域的"地图"与客观现实混淆，忽略其他类型的空间结构——例如，忽略儿童的体验。

因此，这个过程首先要确定的是景观的哪些空间质量与研究相关，选择什么研究尺度，再将其反映到分析中。这反过来又确定了符号以及分析词汇的运用，以确保分析的一致性。这类似于乡村特征评估中使用检查表的方式，以确保不同地区和不同人群分析的一致性。在开始阶段，现场勘测是非常有帮助的，可以获得研究区域及其特征的初步的亲身体验，并测试符号语汇。专业或专家分析人员将使用这些符号在地形地物等其他类型的地图上绘制基本的分析草图，从而对整个空间结构进行概述，而不用考虑这些人员对空间细节是否熟悉。

在标注符号时，优先从最明显和最重要的对象开始。但不会预设哪些要素是"不重要的"，只要图面表达的清晰度不受影响，都应该进行标注。因为即使是微小的景观要素也可能很关键；例如，编织紧密的树篱可能是部分研究区域的一个重要特征。省略它们将有助于简化地图并增加表达的清晰度，但也有可能遗漏该景观的一个显著特征。在图5.2波士顿地图中，五组符号以两个层次出现，反映了它们的相对重要性。根据相关性，符号甚至可以分为三个或更多的层次。分层反映了景观的尺度层次，这可能是一个地区的关键特征。

下一步是走入景观，进行实地调研，对草图展开详细的分析、测试、校正和修改。最终地图的目标是以一种最有效且契合研究目标的方式表达和阐明景观的空间结构，这需要大量的专业判断。现在的许多研究会将专家的工作草图与社区的重要人员分享，以验证分析的结论。

林奇分析需要使用一些表达技巧。一般使用彩色地图，外加补充剖面对符号标注的对象进行说明。但其实还可以使用一系列不同类型的表达方式：例如结合图表、剖面、地图、带有多个图层的三维透视图或动画视频。同样，最关键的还是研究目的，另外表达应该突出准确性和有效性、关联性和实用性。

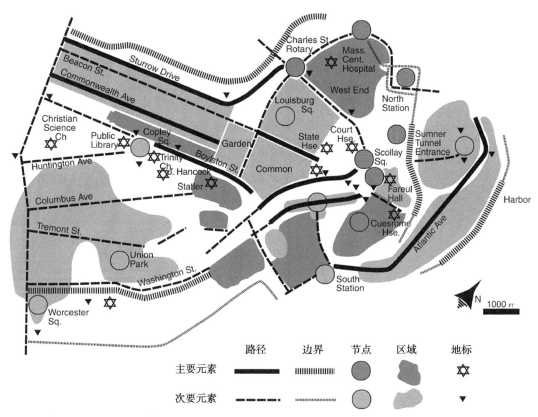

图 5.2　凯文·林奇分析，波士顿

该地图显示了由五种不同的符号表达的美国波士顿的结构。由于每种符号要表达主次两层含义，所以共十个符号。北部的查尔斯河和东部的港口都有明显的边界。大多数道路指向城市中心，那里的边界和地标也最集中。其中一个有特色的区域是沿河流向北的深灰色矩形区域。这是一个独特的区域，所有的住宅都用红砖建造。

来源：Lynch（1960）：*The Image of the City*. Two figures from p. 19. ©1960，麻省理工学院，经麻省理工学院出版社许可

补充分析

基本的"林奇"方法有许多变化 [e.g. Gosling（1996）；Steenbergen and Reh，1996；Steenbergen，2008]。图中所示的变化是对不同类型场地进行分析的例子：

- 城市：波士顿，图 5.2；罗马，图 5.8；霍尔拜克，图 5.10；米德尔法特，图 5.11
- 城市空间：假想的山地村落，图 5.7
- 公园：Hellerup 海滩公园，图 5.5
- 乡村：兰德斯峡湾，图 5.4；日本山地景观，图 5.9；韦思，图 5.12

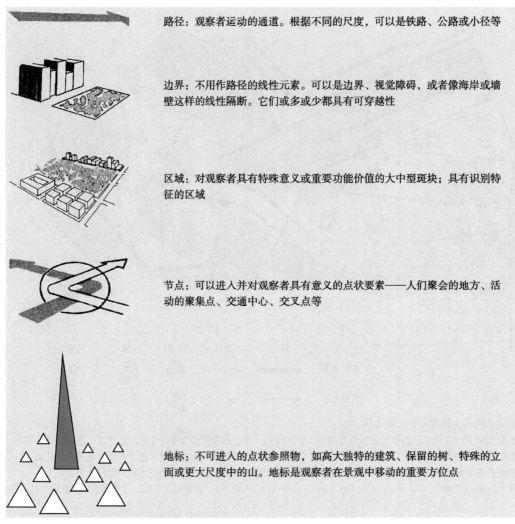

路径：观察者运动的通道。根据不同的尺度，可以是铁路、公路或小径等

边界：不用作路径的线性元素。可以是边界、视觉障碍，或者像海岸或墙壁这样的线性隔断。它们或多或少都具有可穿越性

区域：对观察者具有特殊意义或重要功能价值的大中型斑块；具有识别特征的区域

节点：可以进入并对观察者具有意义的点状要素——人们聚会的地方、活动的聚集点、交通中心、交叉点等

地标：不可进入的点状参照物，如高大独特的建筑、保留的树、特殊的立面或更大尺度中的山。地标是观察者在景观中移动的重要方位点

图 5.3 描述场所或景观空间格局的五种符号

来源：Lynch，K.（1960）：*The Image of the City*. 5 marginal images pp. 47–48. ©1960，麻省理工学院，经麻省理工学院出版社许可

　　如前文所述，研究的目的和分析的尺度决定了项目中哪些对象是相关的，但同样的道理也适用于从花园的微观层面到地区的宏观层面。

　　此外，在特定的地理条件下，分析方法常常可以适用不同类型的景观，例如，从城市景观到农村景观。但是，在这个阶段需要注意，由于这类分析的目的是通过相对较少的符号选择性地解读景观的多个空间维度，因此一定会捕捉到空间不同程度的复杂性。如果景观高度同质或在非常小的尺度上——例如后院的一部分——一个正式的空间分析可能不会增加任何实质性的理解。如第 1 章所述，在这种不重要的情况下就没必要进行"分析"了，应该避免，一张简单的照片或文字描述就足够了。

　　空间分析可以以不同的方式组织：点、线或面（即覆盖整个区域）。点分析 [兰德斯（Randers）峡湾，图 5.4] 研究了景观中给定的点，和从该点看出去的视觉体验。假想的山城（图 5.7）是一个线性分析的例子，基于一条运动线路来解读体验。迈克尔·瓦明（Michael Varming，1970）在其高速公路的空间分析中，区分了从道路看道路、从道路看景观和从景观看道路的三种空间关系。其他案例都是关于区域的综合判断——即对一个区域的综合分析。本章后面将介绍三种进一步的变化：SAVE 结构分析、SAVE 城市边缘分析和 LCA 空间—视觉分析 [SAVE 指环境建筑价值调查（Survey of Achitectural Values in the Environment）]。它们也是更大的分析系统的一部分。

可视性分析

　　可视性分析是关于视觉可见度和视觉影响区域的特殊空间分析形式。视线可达区指的是位于某一视点上的人可看到的全部区域，而视觉影响区域指的是可看到建筑物或其他物体（现有的或预期的）的全部范围。图 5.4 是关于拟建新农场建筑在不同位置的视觉效果的研究。虽然最终的研究结果并没有反映任何关于视觉质量的问题，也没有说明拟建农场建筑的评估是正面的还是负面的。然而，分析师明确了两个备选位置对视觉影响区范围的未来影响，从而为敏感性和选址分析以及后续的丹麦兰德斯峡湾地区农场建筑搬迁方案奠定了基础（详见第 7 章图 7.20 中的选址 LCA 分析）。

　　可视性分析可以在地形模型的基础上进行数字分析，地形图中包含选定的垂直要素，如森林、树篱和建筑，所有要素都给定一个高度。随后通过实地调查来验证数字分析的结果，并补充有关景观体验的价值评估。有关规划建设视觉影响的价值评估将在第 8 章中讨论。

视线分析

　　视线可达区取决于视点的高度，在小尺度的分析中，人的高度成为一个重要的因素。视线分析关注视线高度的内容，即不同情况下眼睛高度的水平视野中的内容——不管这个人是坐着的、站着的、骑自行车的、开车的，是一个成年人还是一个孩子，等等。因此，视线分析可以使用三维插图（透视图等）和垂直投影（剖、立面图）的表现形式，利用表现视觉障碍的符号来强调视线界面。换句话说，视线分析是在眼睛高度上的水平横断面——或者是反映地形运动的横断面（图 5.5）。

　　视线分析提取信息的方式类似于人们从水平方向观察纸板模型。这类模型（即物理模型而不是数字模型）方便直观，因为它可以被非专业人士直接体验和理解。正式的视线分析理解起来更抽象，但分析过程更快。在凯文·林奇的视线分析中用模型展示了边界的细微差别。

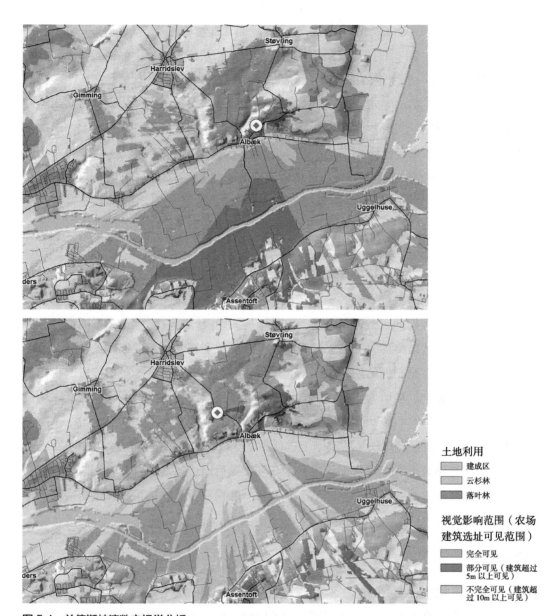

图 5.4 兰德斯峡湾数字视觉分析

两张地图显示了从 Albaek 村搬迁的拟建大型农场的视觉影响区，图中用红点标记的是两个备选位置。这个村庄位于前海岸峭壁脚下的海滨前陆，在兰德斯峡湾河口附近的古德纳河流域。在上图中，新建筑位于断崖的顶部边缘，这意味着它们可以在很大范围内被看到，视觉影响区覆盖了谷底的很大一部分。在下图所示的备选方案中，农场建筑从悬崖顶部向后移动约 400m。这一相对较小的位置变化使得视觉影响区域范围大大缩小。数字分析可以通过实地调查加以补充，更能反映数字分析中没有包括的具体条件，例如植被。

来源：Kristensen，Denmark's Agricultural Research（2004）：Digital visibility analysis. In Nellemann et al.，*Landbrugsbygninger*，*landskab og lokal omraadeplanlaegning – metoder til landskabskaraktervur-dering og oekonomivurdering*. By– og Landsplanserien no. 23，p. 57（Figures 14 and 15）. Forest & Land–scape，Hoersholm，DK.

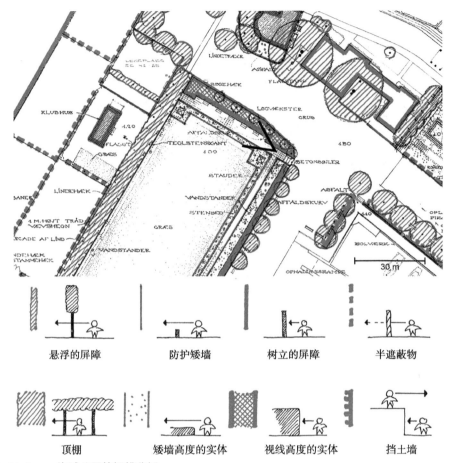

| 悬浮的屏障 | 防护矮墙 | 树立的屏障 | 半遮蔽物 |

| 顶棚 | 矮墙高度的实体 | 视线高度的实体 | 挡土墙 |

图 5.5 Hellerup 海滩公园的视线分析

在这个小尺度研究中，一个站立的成年人的空间边界特征的符号用红色表示。粗体线表示不通透，虚线表示部分通透。挡土墙的符号则表示物理空间上不可达，并且在低侧形成视觉屏障，高侧视野是开放的。

哥本哈根 Hellerup 海滩公园复杂的空间边界意味着，在平面图上显示为明显分隔的区域在现实中提供了丰富的体验。其结果是，虽然公园的各个部分在功能和空间上被划分，但在视觉上是一体的。

来源：Stahlschmidt，P. 制作（2001）

图底分析

图底分析是一种建立已久的空间分析技术，它将平面的垂直维度简化为两层。"图层"显示了分析要突出的对象。在城市环境的图底分析中，图通常是建筑物，或者在公园中，它可能是树冠或茂密的植被。"底层"是背景，没有突出的特征——通常是表面地形。因此，对城市街区的图底分析是对建筑的空间分析，底层显示的是没有建筑的区域。因此，它也是一种针对外部和内部的分析，被广泛用于密集的城市环境，在这些环境中，建筑创造了大量的空间结构。图 5.7 所示的城镇景观系列视觉的卡伦分析使用了图底分析。在诺利的地图（图 5.8）中，图层是私人空间——包括室内和室

图 5.6 Hellerup 海滩公园

右边一排修剪整齐的山毛榉树篱挡住了视线。前方朝向网球场一侧的边界更复杂。两名网球运动员的身影隐隐约约地出现在椴树树冠和山毛榉树篱之间。

来源：Stahlschmidt, P. 摄（2001）

外——而底层显示的是公共空间。图底分析的一个强大之处是，图和底可以反转（正的和负的），以突出最重要的空间关系。

动态视觉分析

英国建筑师和城市规划理论家戈登·卡伦（Gordon Cullen）对新兴城镇的空间体验很感兴趣。在他的经典著作《城市景观》（1961）中，他用照片和图纸来诠释城市美学。图 5.7 摘自本书。卡伦是丹麦环境部开发的 SAVE（环境建筑价值调查）系统的重要灵感来源。他的作品强调了运动是了解和体验景观空间结构的关键变量。在传统的空间分析中，比如图底分析，所有"开放"景观的部分都具有同等的重要性。然而在现实中，当我们在城市中穿行时，我们创造了一条视点动线。动态视觉分析是空间分析中的一种技术，通过包括照片、CAD 绘图或徒手绘图的方式，逐点描绘一条穿过景观的路线。连贯的图像解读可以提供一种连续空间体验的印象，并使分析人员能够根据连贯性和节奏来解读城市中的运动质量，其中的停顿是决策点，也是我们被吸引的地方。每个图像代表一个特定的路线，它们在形式和绘图技术方面应该是统一的。一般情况下，图纸或照片中所

图 5.7　卡伦对一个假想山村的动态视觉分析

在假想的山城地图上，8 个箭头表示八张图上显示的视线的位置和方向。该系列分析展示了以均匀的步调行走在城镇中的空间节奏（进 / 出、暗 / 亮、近 / 远、封闭 / 开放）。此外，图形重叠加强了运动的体验。这样的动态视觉可以通过绘图、照片或 3D-CAD 来实现。

来源：Cullen（1961）：*The Concise Townscape*. Formerly published by The Architectural Press. London（paperback edition 1971，reprinted 1985），p. 17：Series of 8 + 1 small drawings from a hypothetical mountain village. Present publisher Taylor & Francis Group，UK.

示点之间的距离不应固定；相反，应该选择讲述不同空间体验故事的序列，如图 5.7 所示。路线和图像的位置的选择需要权衡，这取决于研究的目的。动态视觉分析可应用于规划道路，但也适用于描述城市、公园或建筑的空间序列，如图 5.7 所示。

迈克尔·瓦明在《风景中的公路》（*Motorvejei landskabet*，1970）中描述了一种特殊的动态视觉分析。研究过程包括绘制或模拟景观的主要特征和未来道路的路线，然后

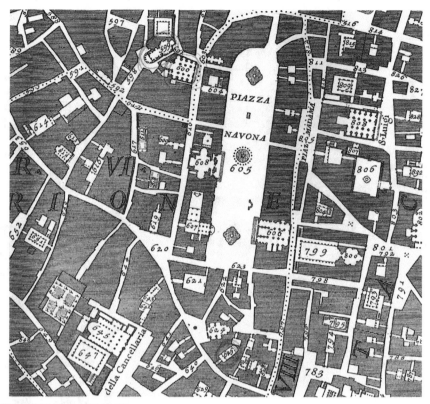

图 5.8　诺利的罗马地图，1748 年

在诺利绘制的罗马地图中，室内和室外的公共空间都是白色的，而私人空间则是黑色部分。通过这些简单的技巧，地图通过区分公共空间和受限制的私人空间，呈现了城市空间的社会特征。这张地图也是用简单的记录作"分析"的一个例子。

来源：Ehrle（1932）；*Roma al tempo di Benedetto XIV*；*la Pianta di Roma di G.B. Nolli del 1748*，Città del Vaticano

沿着道路的预定线在均匀分布的点上创建图像，或者进行连续的"驾车穿越"虚拟现实仿真，以模拟驾驶员对道路和周围景观的体验的印象。因此，动态视觉分析可用于影响评估，对备选的路线方案进行评估比较。如果图纸或数字模型包括路标、路障和照明等道路设施，则可以使体验更加真实，但这也大大增加了工作任务。现代动画和影像技术能实现数字模型的无缝集成以及人与物体的视觉表现，还有很多技术都在推动虚拟现实的不断完善。

　　然而，问题仍然是如何使用和评价这些分析的结果。"快速浏览"视频令人兴奋，提供了一个概览，但不会使评估变得更容易——实际上，它们包含的大量视觉数据会使其更难使用。这突出了空间分析的一个悖论。正如引言中提到的，分析经仔细梳理以便更好地理解。"林奇"的词汇意在将城市的丰富体验简化为有限数量的重要因素。在虚拟现实模型中再现世界的复杂性使得在设定好的环境中再现"真实世界"成为可能，但是，除非进行一些后续分析，否则这并不能提供更深入的理解。

诺利分析

空间不是中性的。正如地理学家所言，空间也是一个领域，由不同的人或组织控制。对领土的最基础的空间分析，一个是行政管理图，另一个是所有权地图。诺利（Giambattista Nolli）的罗马地图（图 5.8）是对空间作为城市领土分析的绝佳案例。诺利没有区分"内部"和"外部"，而是区分了"公共"和"私人"空间。因此，地图记录了对所有公民开放的空间，以及受产权限制的空间。它给人城市空间结构的印象，标示出了可以直接被理解的共享空间，包括了教堂的公共空间以及街道和广场。

樋口分析

曾与凯文·林奇一起学习过的日本环境工程师樋口忠彦（Tadahiko Higuchi）举例说明了如何将复杂情况提炼为基本经验。他对林奇分析进行了改进，用于分析日本寺庙选址的空间原型（Higuchi，1983）。如图 5.9 中日本山地景观的例子，空间屏障、地标、道路和区域的符号与凯文·林奇的原始版本相比有不同的名称和形状。分析中没有给节点标示符号，而是突出了方向作为新的符号。因为通常来说，景观会给人这样的印象：空间有一种动能，从地形高处流向低处，樋口的分析就是为了体现出这一点。因此，樋口的方法也可以看作是通过修改凯文·林奇分析来匹配研究目的的一个案例。

SAVE 结构分析

SAVE 结构分析可以看作是凯文·林奇区域分析的进一步发展。该系统是由丹麦环境部（1992）开发的，目的是了解丹麦城市和村庄的历史景观品质，并在规划决策中意识到其价值。图 5.10 是霍尔拜克城市的空间速写。该草图聚焦"绿楔"主题下的区域，展示了它们之间的相互关系，以及它们与城市核心和海湾的关联。楔形的结构信息以高度简化的形式表现。其中的地名使人们能从示意图中获得直观的理解。

SAVE 城市边界分析

SAVE 城市边界分析是凯文·林奇"边界"分析的进一步发展。在凯文·林奇为丹麦城市米德尔法特（Middelfart）（丹麦环境部，1993）所作的一项分析中，沿海港的斜坡上的建筑物被识别为边界。而 SAVE 城市边界分析则聚焦于斜坡上建筑的特点，以及它们与水、城市和地形的关系。在图 5.11 的剖面图中，地形的高度相对于长度被夸大了约 50%。建筑和树木没有进行夸张，以免扭曲它们的比例。换句话说，"感知剖面"中尺度的把握可以基于分析人员的判断。因为分析的目标是提供便于理解的对现实空间的感知印象，而不是一个精确的再现。

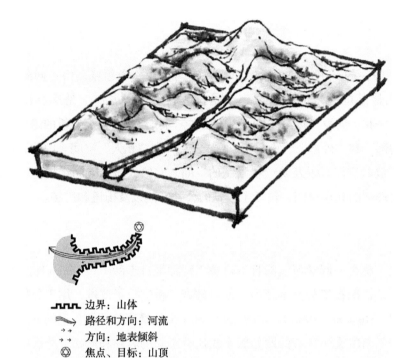

边界：山体

路径和方向：河流

方向：地表倾斜

焦点、目标：山顶

范围：平地

图5.9　日本山地景观的樋口分析

日本山地景观的示意图和平面图，图中所绘是河谷与平原的交界处。山顶是景观朝向平原的焦点。这个景观中的"动能"是由河流、山谷的落差和山谷的楔形形态造成的。用林奇分析的语言来看，山谷是"边缘"，平原是"区域"。

来源：Higuchi（1983）：*Visual and Spatial Structure of Landscapes*. Two small drawings from p. 144.©1983，麻省理工学院，经麻省理工学院出版社许可

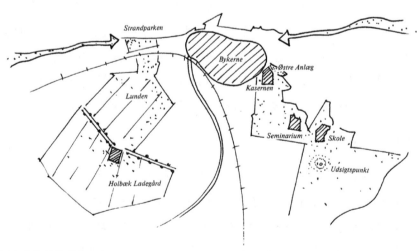

图5.10　城市空间结构分析

丹麦霍尔拜克城市空间结构示意图。三个区的重点是：市中心，前霍尔拜克 Ladegaard 庄园（现在是一个开放空间）和一个绿色楔形结构。沿着峡湾，在城市中心的北部（Bykerne），有一个小的绿色楔子连接着乡村和城市。图中显示了与中心相接的公路和铁路。

来源：丹麦环境部（1993b）：*Kommuneatlas Holbaek*，p. 19

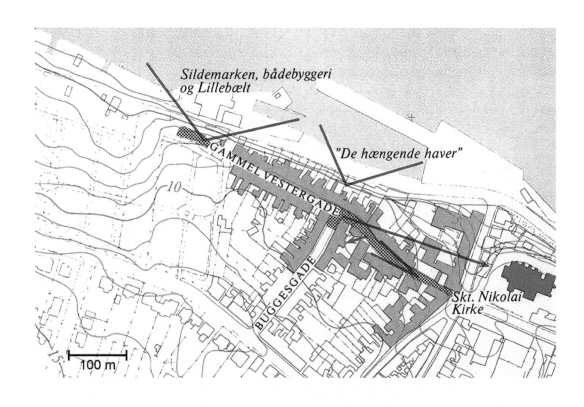

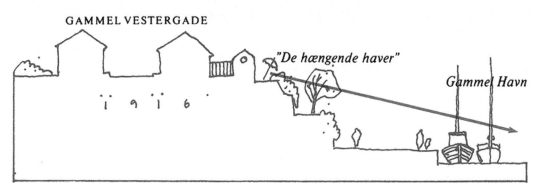

图 5.11　城市边界分析

丹麦米德尔法特市的滨水区以两种互补的方式呈现：一个抽象的规划平面和一个更加真实的剖面。在平面上，主要的教堂用红色表示，而具有特色的联排房屋用粉色表示。朝向教堂的视线用箭头表示，而朝向峡湾的视线用 "v" 表示。"De haengende haver" 的意思是 "露台花园"。地图中添加了间隔 1m 的地形等高线，剖面用夸张的垂直比例制作。

来源：丹麦环境部（1993c）：*Kommuneatlas Middelfart*，p. 19

LCA（DK）空间－视觉分析

　　空间－视觉分析是丹麦的 LCA（LCA= 景观特征评估，见第 6 章）的一个特殊组成部分，重点关注景观特征区的空间和视觉特征。目的是了解特定景观的形态以及是如

图 5.12　韦思农业平原

农业平原的特点是略有起伏的高原上有广阔的田野和分散的农场建筑，例如这个奶牛场和沼气厂的结合，成为该地区的地标。农业平原周围环绕着部分树木繁茂的丘陵和山谷，在东、西相邻的景观特色区域之间形成了一个空间围墙。

来源：Andersen，H.K. 摄

何被人们感知的。该分析确定了景观的特征元素和空间视觉特征，包括视觉体验的特质和视觉不协调的要素。该分析运用凯文·林奇符号绘制地图的方法（图 5.13）配合数字调查表格。地图和表格是在对每个景观特色区域进行田野调查过程中完成的。另外，用 GPS 标示出代表性的调查点并拍摄记录照片。

图 5.13 中的例子为韦思（Vaeth）的农业景观特色区。村庄周围是日德兰半岛中部古德诺（Gudenaa）河以东起伏的冰碛高原。高原地势开阔，农业景观单一，土壤肥沃，耕地比例高。森林环绕南面和西面，而部分树木繁茂的山坡在东面形成了一堵墙（边缘）。然而，在北部，可以看到古德诺河谷的开阔景色。这里的高海拔区域有教堂、庄园和树木繁茂的峡谷，提供了特殊的视觉体验（即：具有特殊视觉品质的对比区域）。在 LCA（DK）的空间 – 视觉分析中，数字测量表为绘图和描述以下主题提供了基础：

边界:		重要视觉关系:	主导要素:

•••· 景观特征区域边界   ⊔⊔⊔ 小山坡   ✹ 视点和视域   ★ 居住和教育设施

⦀⦀⦀ 提供特殊视觉品质 的对比分区   ▲▲ 谷顶

                          ▽ 森林

                          ◁ 城镇

图 5.13　韦思平原的空间视觉分析

在数字测量表的帮助下,对 1∶25000 地形图进行了空间可视化分析。农业平原被山谷环绕,东面是树木繁茂的山丘。该区域与相邻的景观特征区域形成了一个空间围合。该分析用于识别适合新建大型农业建筑的农业区。

来源:Nellemann et al.(2008):*Kommuneplanlaegning for fremtidens landbrugsbyggeri:Favrskovog Randers kommuner.* Copenhagen,Realdania. Bilag 1:Rumlig visuel analyse,Vaeth landbrugsflade(2016 年 1 月 19 日访问)

1. 特色景观要素包括自然要素和人为要素及其形态、格局和相互关系。

2. 特色的空间视觉特征包括景观的尺度、围合度、复杂性、结构以及与海岸的所有联系。

3. 特殊视觉体验包括凭借地形、自然或文化内容、独特的景观空间和边界、地标和重要的视觉条件(视觉影响区、视线观景点等)提供丰富视觉品质的分区和特定元素。这些分区和元素既可以表达景观的特殊特征,也可以与之形成对比。在凯文·林奇的分析中,“分区”与“区域”同义。

基础设施分析

凯文·林奇把他的分析聚焦在 20 世纪中期美国常见的传统类型的城市上，但我们之前已经提到，它可以在一系列的尺度上应用。在过去的 20 年里，景观理论家和设计师强调了城市和农村之间的传统差异正在被打破，以及诸如高速公路、供水和排水系统、废物管理系统、电力、风力涡轮机和数字通信网等基础设施网络等，现在已经远远超出了它们所服务的城市，并构成了整个地区甚至国家的景观。斯特朗（Strang，1996）聚焦于如何将基础设施网络理解为景观，而科纳（1999）等人将景观重新视为城市区域的基础设施。因此，空间景观分析也可以侧重于基础设施网络在景观塑造中的作用。

斯腾博格（Steenbergen，2008）列举了大量的案例，说明了对基础设施不同层次和网络的系统分析如何为城市景观的组织提供了一个强大但截然不同的视角。这些网络可能无法在感知上形成网络，因为我们只能够直接观察到片段或部分，但绘图过程揭示了它们的空间特征。城市数字模型遥感数据存量和可获取性的快速增长，使景观设计师和规划师能够以一种新的方式体验城市，这反过来又产生了对空间关系和空间可能性的新认识。当然，这给景观分析带来的挑战本质上并不是什么新鲜事，因为景观分析就是基于不同的表达形式进行解释。同样，基础设施也不是什么新事物——城市对被讨论和被忽视的对象和观点有着批判性的认识。关键在于技术让我们难以分辨对实际存在对象的感知和用不同方式创造出来的体验。为此，更应该聚焦于传统绘图技术的基本流程，以突出过程，而非结果。

第6章
区域化和景观特征评估

引言

本章主要讨论区划。它是一种广泛应用于景观分析的分析工具，包括了区域规划中的适宜性研究、农业发展潜力评估等。区划主要是对景观进行分类，将其划分为在属性、格局和总体特征上有显著同质性的若干区域。在近几十年里，出现了一种重要的区划方法——景观特征评估（LCA）。这种方法已广泛应用于风景园林学领域。景观特征评估旨在对同质的景观区域进行识别、分类和特征描述，以便对其状态和潜力进行判断。景观特征评估是支撑综合型、协作型景观规划的景观分析方法。本章中，我们选择了两种在方法论上有所不同的景观特征评估案例进行介绍，阐述区划如何用于景观分析；并简述20世纪90年代英国制定的一种景观特征区域制图的开拓性方法（Swanwick，2004）。

区划和土地分类

将景观划分为若干同质区域的目的，是为了理解景观的组成以及各区域的具体特征。同质区域是指具有相同生物物理特征和文化特征的区域，这与功能区域的概念有所不同。同一功能区域会组织特定的人类活动，例如学区。通常，区域是指"国家或世界的某一部分，有明确特征但不一定有固定边界的地区"。但是，在区划的语境中，区域通常有着固定的边界。特征是指景观要素呈现出的独特的、可识别的和一致的格局，使其与其他景观区域得以区分。特征点是指对特征形成有特定贡献的要素或要素的组合。地形、土壤、水文、植被和土地利用（如人类聚落及土地格局）的特殊组合构成了特征。历史分析、空间分析能够让人了解整体区域的主题，而景观特征区域的分类解决了每个较小的同质区域的识别问题，例如"文化和自然景观元素之间的相互作用在单个同质区域的特征和潜力中是如何表达的"及"一个区域与周围区域有何不同"。

景观区域识别技术已被多个欧洲国家使用，包括英国（Mücher and Wascher，2007；

Swanwick，2004；Jensen，2006）、丹麦（Caspersen and Nellemann，2009；Caspersen，2009）和比利时（Van Eetvelde and Antrop，2009）等。按照英国景观评估的惯例，识别过程被称为"景观特征描述"。在某些情况下，这一过程与景观质量和潜力评价及诊断结合在一起。在其他情况下，特征描述仅是严格意义上的描述性的，价值和潜力诊断是分析过程中一个独立的步骤。为了保持一致性，我们将涉及景观特征、诊断和策略的整个工作称为景观特征评估（以下简称 LCA）。

塞尔曼（Selman，2006）、普里姆达尔和克里斯滕森（Primdahl and Kristensen，2016）等人的诸多景观分析的文章都强调，LCA 具有将地方性环境和景观的特征融入公共和市政规划之中的能力。这里有一个重要问题，"LCA 究竟在多大程度上、以何种方式纳入了当地居民及其对景观特征的感知？"巴特勒（Butler，2016）在对大量 LCA 研究的批判性分析中指出，尽管目前开发了一些可以让居民以不同方式参与进来的方法，但一般来说，LCA 代表了一种客观的局外专家观点，将景观视为视觉画面，而不是有人居住其中的一种"生活体验"。

同质区域分类涉及景观的"区划"（即区域划分）。区划可基于单个或多个变量或特征点（Claval，1998）。这些特征点也可以是景观生物物理和文化方面的（如起伏的地形形态或土地格局），或是功能维度的（如学区）。这一章中，我们以在景观特征评估（LCA）中的应用这样一种特定的角度来理解区划概念，重点关注识别具有独特景观格局和质量的区域。

景观同质区域的划分可以作为其他专题分析的重要补充，因为它关注的重点在于全局的空间，以及相互作用的景观要素和作用过程如何将某个特定区域塑造成为具有独特性的区域。相比之下，专题分析关注的是特定问题（例如噪声，图 1.6），以及该问题在不同的景观区域发生的变化。

景观区划是现状分析的一种形式（例如，波士顿的凯文·林奇分析，图 5.2）。在景观调查时，景观区划提供了一种熟悉景观的系统方法。除此之外，区划也可作为行动导向的方法的一部分，用作其他分析手段的基础。例如，在丹麦的 LCA 中，景观区域划分应用在了表征阶段（图 6.10）。在表征阶段中定义的景观特征区域构成了之后的诊断阶段（图 6.15）和策略阶段（图 6.16）的基础。

区划蕴含的一个基本观点是，不同景观类型的分布格局之间往往存在一定程度的相似性。由于格局（如土地覆盖等）部分依赖于自然因素，因此不会随机分布。例如，混在平原草甸区中的坡地树林是和草甸一起管理的。从土地利用实践的历史性角度来看，同质区域分类将每个区域视为自然因素与当前土地覆盖之间交互作用的结果。如此一来，我们可以将一个同质区域描述为一个连贯的整体，并判断该区域的状态及其与未来变化相关的潜力。

图 6.1　景观特征区域的微观层次

普通地块上的小农农场不同于图中右侧的大面积田地和背景中的小片林地区域。林地和湖泊之间的红色建筑是斯派特鲁普庄园（Spøttrup Manor House），属于斯凯夫市（Skive Municipality）的西部萨林（Western Salling）（图 6.9）。经过清查发现，景观特征的变化有时是自然因素造成的，有时主要是文化因素造成的。林地的沙质土壤类型与周围的田地和湿地的土壤不同，而小农农场和大面积田地区域的自然条件相同，所以两个格局的不同是文化引起的。

来源：Primdahl，J. 摄

同级分类或层级嵌套分类

LCA 可以采用同级分类或层级嵌套分类两种方法。在同级区域分类方法中，同质区域分类是在同一级别上的，每个区域构成一个地理单元。所有景观区域均在同一尺度上进行分类。分类的网格单元及其细致程度可大可小。斯文堡（Svendborg）案例正是在市政规划层面进行同级区域分类的一个示例。在层级嵌套的区域分类中，同质区域分类可以在两个甚至多个级别上进行，每个景观区域可被划分为更小的区域。换句话说，较粗的网格包含较细的网格。英格兰 LCA（Swanwick，2002）的国家、郡县和地方各级景观特征区域和类型划分（图 6.4、图 6.5），以及斯凯夫案例的景观区域划分（图 6.6—图 6.9），都是层级嵌套分类的例子。

分析过程可以是自下而上的，从精细尺度再到更大的尺度。精细尺度上的较小区域可以在更大尺度上合并成一个大的区域，如苏格兰的景观特征评估。不过，原则上分析顺序亦可是自上而下的，从宏观层次开始向下到更精细的层次，如英格兰的景观特征评估（LUC，1999；Swanwick，2002）。

景观生态分类

景观生态学的各种概念已被应用到景观分类中。福尔曼和戈德龙（Forman and Godron，1986，p.11–12）以及另外一些学者（Zonneveld，1995；Vos and Stortelder，1992）将最小的景观单元称为生态区，或简称其为景观要素，但最小景观单元仍然是一个完整的生态单元。依据福尔曼和戈德龙（1986）的术语解释，景观要素可进一步被细分为镶嵌斑块（tesserae，古罗马语中的含义源自石质马赛克的一部分）。镶嵌斑块是在景观尺度上可见的最小同质区域。镶嵌斑块的一个例子便是田间的小池塘。根据福尔曼和戈德龙的说法，区域是"一片广阔的连续的土地"，是超越景观尺度的。

生态分类的目的是为生态分析和景观规划管理提供依据。这就提出了一个与景观区域分类有关的一般性问题："基于某一套分类标准的分析结果可以在多大程度上为另一套标准下的分析目的所用？"这种标准的改变在本章讨论的所有案例中都很明显。例如，斯凯夫案例中的分类标准是基于当前的景观特征，但如果分析目的是评估该地区新建风力发电厂的容量，则有关的标准会变化。普里姆达尔和克里斯滕森（Primdahl and Kristensen，2016）在一些实验性规划案例中发现，尽管现有的分类很有用，但可能需要根据不同情境需求进行另外的分类。究竟是将现有的同质区域分类作为参考的方式更好，还是根据某个给定目的量身定制分类的方式更佳，必须根据具体情况确定。

区划分析步骤

区域或景观的分类包括同质区域划定和区域特征描述两个方面。同质区域划分需要在地图上将项目整体区域划分为较小的景观区域。在 LCA 方法中，各景观区域在特征（关键）要素和视觉外观上必须是同质的，取决于地形、水、植被、建筑结构模式等的特定组合，以及特有的空间和视觉因素。视觉因素可以是尺寸（从小到大的元素），围合程度（从封闭到开放）和复杂程度（从统一到复杂，即由许多不同的要素构成）。同质区域分类应尽力实现每个景观区域内同质性的最大化和区域之间差异的最大化。同质性并不意味着复杂性的缺失。一个同质区域可能在微观尺度上有着丰富的细节变化。从这个角度说，景观可能包含许多不同的要素，但所有要素组合在一起形成一个总体特征，例如迪士尼世界。或者它也可能具有完全统一的精细尺度特征，例如麦田。以上两者都是在景观尺度思考同质区域的示例。

同质区域分类的第一步是根据分析目的，确定分类标准和层级。选择的标准必定与分类用途有关。例如，如果目标之一是制定提高生物多样性的策略，那么土地覆盖中栖息地将是重要的因子。分类的层级或尺度也取决于分析的目的，可能是郡县 / 区级尺度的市政土地利用规划，也可能是地方尺度的开发项目影响评估，甚至社区尺度的景观策略（图 6.2）。同质区域可以按专题划分，也可按地形划分。接下来，我们将依次讲述每种划分方法。

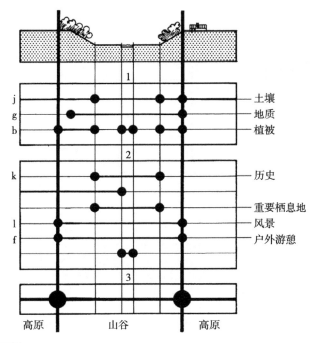

图 6.2　某山谷的区划

该图说明了区划随研究目的而定。在冰川景观以及许多其他地质构造不同的景观中，高原与山谷相交的总体格局非常常见。在该横截面上，景观区域边界分为两类：（1）生物物理基础类（包括土壤、地质和植被）；（2）与自然保护有关的土地利用类（包括历史、重要栖息地、风景和户外游憩）。如图中最底部所示，在土地利用规划的目的下，最终划定的景观区域边界为山谷的顶缘，因为高原区域将成为一个统一的农业管理实体，而河谷两侧、谷底和河道将形成多种自然保护利益的组合。

来源：Danish Ministry of the Environment（1982）：*Vejledning i fredningsplanlaegning no. 2*，p. 57

专题法

在专题法中，分类是基于反映给定区域情况的若干专题。在地理学术语中，项目区域被拆分为一系列单因子图层，分别是地形（图 6.3）、建筑结构模式、树篱林地、湿地溪流。接下来，将四个图层（或图纸）叠放在基础底图上方，再绘制成新合成的分类地图。

专题分析的目的是建立一个与其内容相关、结构合理、易读易懂的分类。这些因素相互间的协调并不容易。在合成新的分类时，从描画具有相同边界的区域入手是个好的切入点。对于这一类区域，不同专题图层叠加后的边界是一致的，毫无疑问它们互相强化。接下来是识别那些与研究目的密切相关的、明确清晰的专题边界。最后是最为困难

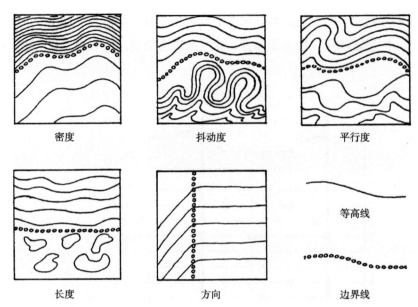

图6.3 依据等高线来描绘区域轮廓

等高线的特征可以通过五种图案化的方式来表述：密度、抖动度、平行度、长度和方向。密度描述了给定比例尺下等高线之间的相对距离，表明地形有多陡峭，也就是振幅有多大。抖动度表明地形在短距离内沿不同方向的竖向变化。平行度表示以均匀方式变化的地形。等高线短表明有许多小的隆起和凹陷。方向表示地形指向的方向（如北、东等）。每一种图案都可能是不同的，也都可决定一个区域的轮廓，但是更多情况下，区域轮廓描绘是基于两个或多种图形之间的关系。例如，抖动度和短等高线的组合或并置显示出复杂的地表，尽管它可能竖向变化不大。再如，抖动度与密度、长等高线的结合表明可能是陡坡和高陡崖。

来源：Moderated from Jensen and Kuhlman（1971）：*Danmarks Geografi . Kort oevelsesvejledning*

和模糊的部分,对于这一部分,专家经验和判断力尤为重要。同时也十分依赖于个人阐释,因此通常在这一阶段,对话和讨论显得特别有价值。

在丹麦的景观特征评估中，特征区域分类是基于景观的可识别性。这种可识别性是由特征要素、格局和空间视觉因素决定的，包括地貌、土壤和地形图层，以及为第一稿分类草案提供的土地覆盖和空间视觉图层。如果特征要素和空间视觉因素是由陡峭的地形和被围合的田地组成，并与一片开阔的平原农区和林地相邻，那么可能从山地到平原的地形过渡和森林边缘将成为特征区域边界划定的基础。在图6.12的案例中（LCA，Svendborg），第一步可能是绘制区域1中的农田与斯文堡镇之间的明显可见的边界，最后绘制一般农田与在北部的白源庄园（Hvidkilde Estate）农田（区域1和区域2之间）之间的边界。这里的边界标准不太明显。后两个区域之间的差异在于，一般农田是许多小的个体农场和村庄组成的小规模农场景观，而庄园景观是大面积起伏的田地，除了庄园别墅和树木繁茂的林地之外没有建筑物。因此，沿着小农农场与庄园的地界线划定了特征区域的边界。这一例子展示了如何从一系列不同的自然和文化因子中得到特征区域的边界。

地形法

在地形法中，分析是直接从最终的、地形层面的复合分类开始，通过使用地形术语建立多因子的同质区域。这一方法的操作过程也从最简单和最明晰的边界开始，逐渐向更加模糊的边界推进。然而，与专题法相反，地形法的所有相关标准都是被同时考虑的，并在整个过程中相互权衡。

无论是专题法还是地形法，经验丰富的分析师都可以从完成的草图中判断分类是否成功。如果分类产生了一些飞地，它们因具有的特征而被挑出，并被周边的"剩余区域"包围，则分类是不完备的。如果某些边界在被移掉后不会减小分类的清晰度，则分类也是不完备的。在成功的分类中，分类会覆盖整个研究范围，并且不同景观区域的尺度和同质程度应大致相当。一旦桌上的图纸看起来没有问题了，通常还需要在现场进行验证和完善。现场研究通常会发现一些需要修改的内容。

随着我们对加以讨论的景观的经验和知识不断增长，划定边界变得越来越快，不会那么模棱两可。但是，由于研究目的的影响，网格尺寸（大或小）、特征点确定（关键要素和关键的空间视觉因子）以及个人判断都会影响这一过程，因此没有唯一正确的景观区域分类方法。在特征评估中，最终是否成功取决于分类的合理性和后续使用。此外，不应将对景观区域的分类与凯文·林奇分析中强调的"地区"概念相混淆，后者是提供了特定视觉体验的子区域（图 5.2）。

因此，可以以不同的方式、尺度对景观进行同质区域的划分。下面我们通过三个案例加以说明。英格兰的 LCA 对欧洲许多国家的 LCA 均有启发，我们以英格兰的景观特征评估简介为引，然后相对详细地介绍两个丹麦的案例。

景观区域 / 类型层级嵌套分类，英格兰

景观特征评估（LCA）是英格兰发展起来的一套基于景观特征的分析系统，后经改进用于包括丹麦在内的一些欧洲国家的景观管理规划中。该分析系统适用于从整个欧洲到地方的各个地理级别（Swanwick，2002）。原初的英格兰版本有三重嵌套的层次结构：国家 / 地区级，比例尺为 1 ∶ 250000；郡县 / 区级，比例尺为 1 ∶ 50000 和 1 ∶ 25000；地方级，比例尺为 1 ∶ 10000。在各个层次上，区域划分既是景观特征区域，也是景观特征类型（图 6.5）。

英格兰同质区域的分类方法是从国家尺度开始、自上而下的（图 6.4），主要是基于自然特征（如地质和地形）并辅以土地利用和土地覆盖格局（如林地、农业景观和主要城市集中区）。国家尺度的同质区域分类被进一步扩充至郡县 / 区级尺度，甚至是地方尺

图 6.4 国家尺度的景观特征区域，英格兰

英格兰绘制的 159 个特征区域显示了英国范围内景观特征的多样性。注意编号为 36 的黄色区域位于图 6.5 的顶部。
来源：*The Character of England map* . © Countryside Agency copyright. Based on the Ordnance Survey map © Crown copyright. In Swanwick（2002）：*Landscape Character Assessment – Guidance for England and Scotland*

度。苏格兰采用了一种自下而上的方法。在苏格兰，LCA 由私营咨询公司开展，从比例为 1 ： 50000 或 1 ： 25000 的分析开始。而后，当地的景观特征区域被收集起来并汇总形成更高级别的分类。LCA 在应用过程中已经发生了诸多变化，而有时这些变化会给比较分析造成困难。

主要案例 A：层级嵌套景观分析——斯凯夫

本案例分析是 2009 年春季在丹麦北日德兰半岛的斯凯夫市进行的（Linnet et al.，2009）。目的是将景观纳入市政规划中，将同质区域作为市政管理以及政府和市民之间对话的一种参考依据。这个市政开发项目中的五个案例区应用（作为实验性规划项目的一部分），证明了景观区域分类是非常有用的对话工具，而且让人们开始认识到那些以往不

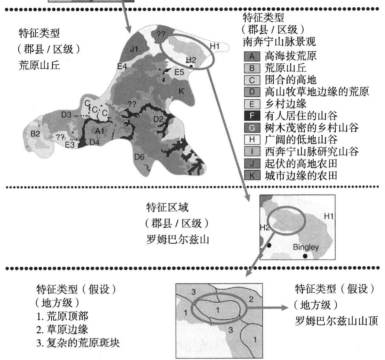

图 6.5　景观特征分级制图，英格兰

该示例显示了不同级别的景观特征类型和区域。景观特征类型是指在大的区域内可出现在不同位置的景观类型（如"有人居住的山谷"和"乡村边缘"）。而景观特征区域是唯一的，它只出现在一个地方，代表着某一种特定的类型。例如，罗姆巴尔兹山（Rombalds Hills）这一地方级特征"区域"属于郡县 / 区级的"荒原山丘类型"，"荒原山丘类型又被包含在国家 / 地区级的特征区域 36"南奔宁山脉"（South Pennines）之中。

来源：Derived from LUC（1999）：*South Pennines Landscape Character Assessment*. For SCOSPA，Bradford. In Swanwick（2002）：*Landscape Character Assessment – Guidance for England and Scotland.*© Countryside Agency and Scottish Natural Heritage copyright

为人所知的地方环境特征。该过程让市民更好地理解他们自己的景观，景观分类甚至已被当地居民团体作为开展工作时的参考（Primdahl and Kristensen，2016）。斯凯夫市政当局还希望用景观区域分类来解释规划决策的基础，例如通过增强与环境部关于乡村区域的管理对话的方式。基于以上考虑，景观区域分类已扩展应用到除斯凯夫城区外的整个市域。

　　一般的工作程序是从案头到现场，然后再回到案头。边界的初步划定为案头完成，基于比例为 1 : 25000、地形等高线清晰（间隔 2.5m）的现状地形图。地形图与如图 6.6 中所示的底图属同一类型。为支撑同质区域分类，分析基础还包括 1900 年至

1920 年的等比例地形图、底层土壤图、地貌图以及 1974 年开展的一项区域景观分析 [维堡县（Viborg County），1974]。在最后的分类草图中，每个区域都配有景观类型代码（例如，湿地的代码为 "wet"）。

野外调查阶段将对每个区域的边界进行检查、修改，验证景观类型分类草图的准确性。对于案头工作阶段容易划定的边界，几乎不需要修改，例如霍伊斯列夫（Hoejslev）周边的景观（图 6.6）。但是，对于那些在边界划定过程中不太确定的地方，田野调查的结果往往会对边界进行修改，例如在中部萨林（Middle Salling）集约化耕种的广大地区。在完成景观区域分析时，需要标注关键词对区域进行描述（图 6.7）。两个人平均每天能够完成 30—40 个景观区域的调查；花十天的时间，可完成对市域共 331 个同质区域的野外调查。

在对景观区域的描述中，稳定性概念发挥的作用值得一提。这里的 "稳定" 是指在当下的景观利用、社会和自然条件下，景观区域看上去处于一种和谐的形式。在一个稳定的景观区域中，形式和功能之间通常有着易于识别的联系。如果将新功能引入稳定区域，则该区域将变得不稳定并开始不断演进和适应，直到达到新的稳定状态，此时景观表达将再次与该区域的功能一致。例如，当某个区域弃牧或进行了大规模的新种植后，林木开始重新长出，它将呈现为一种动态的、潜在不稳定的景观，直至成长为一片具有新的林地景观特征的区域。

另一个由于土地用途改变导致景观区域变得不稳定的例子是小农农场的建设。在这种小农农场中，一方面，园艺、业余耕种、储藏等功能取代了原本的耕作用途；而另一方面，一个最近从养牛改为经济作物种植，然后再变为高度机械化种植的庄园看起来相当稳定，但其背后的基础系统在应对将来可能出现的情况时是脆弱的。这些景观类型的稳定性通常将与其他类型的稳定性相关，例如经济或生态状态的稳定性。然而，此评估只针对外在的景观。在斯凯夫案例研究中，定义了四个级别的稳定性：稳定、比较稳定、比较不稳定和不稳定。

在田野调查之后，将这些边界在 GIS 程序中进行数字化处理。331 个景观区域被合并为 7 个景观大区，每个景观大区都有自己的特征（图 6.9）。对于富尔岛（Island of Fur）和斯凯夫湾（Skive Bay）以东的费延兹北部半岛（Northen Fjends），大区分类和边界轮廓非常明晰。萨林以南的弗林德索（Flyndersoe）地区也是同样的情况，这里是一片荒原，具有典型的日德兰半岛西部的特征。在萨林，东部狭窄的前滩及其山坡、沟壑、高地和葱郁的落叶林与中部的开阔腹地形成了鲜明的对比。萨林中部腹地由被耕种的黏土土壤、风力发电场、养牛场和养猪场构成。北部萨林由面积相当的低洼平原和冰碛平原两部分构成，其土壤主要是沙土。西部萨林与北部、中部均有很大区别，拥有波浪形的海岸、沙质土壤、高密度的低矮防风林和许多小农农场（参见图 6.9 中的景观区描述）。

分析最终形成的成果是 331 个景观区域的边界划定和描述，这些景观区域被组合分为 11 种景观类型和 7 个景观大区。各景观类型和景观区域通过照片和文本加以定义和解释。图 6.8 中的照片展示了 4 种景观类型。

　　　图 6.6 和图 6.7 展示了 6 种景观特征类型：

- W= 湿地
- S= 山坡和沟壑
- B= 建成区
- H= 繁密的树篱和防风林
- SM= 小农农场的小块土地
- M= 森林和耕地的镶嵌斑块
  斯凯夫市确定的其他景观特征类型：
- 无农业建筑的耕地
- 平坦地形上散布的农场
- 丘陵地区散布的农场
- 林区
- 荒地

　　　每个划定的区域均以简短文字说明其特征，如图 6.6 和图 6.7 中的两个例子所示。

　　　示例：

　　　S7. 斯文斯特鲁普—拉姆斯达尔（Svenstrup–Ramsdal）。拥有陡峭沟壑、丰富的自然和半自然生境的谷地景观，农民在此生活。

　　　H8. 腓特烈堡（Frederiksberg）。地形起伏、树篱繁密的西向山坡。

　　该分析预期既可作为政府就市区发展与市民进行对话的基础，也是一种内部管理工具。在用于内部管理时，由于地方政府的其他景观规划管理类型采用了 GIS 系统，该分析需要在 GIS 系统里进行地图集成后才能有效发挥作用。同质区域划分（即区域边界的确定）成为 GIS 的一个图层，人们可以访问这一图层，也可以与保护清单、保护红线等其他图层进行组合。

　　如果规划目标是指导开发，如确定斯凯夫市的一个风力发电厂的选址，那么也许七个景观大区中的四个可被立即排除，而在剩下的三个景观大区内，可能排除六种景观类型。通过初步过滤筛选，选址缩小到在三个景观大区范围内的五个景观类型。一旦潜在的景观区域在计算机屏幕上显示出来，筛选过程的下一步就是调用其他相关的 GIS 图层。

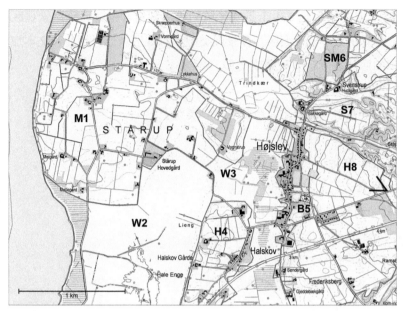

图 6.6 霍伊斯列夫的区划，地图

字母代码表示该地区的景观类型（例如，W 表示湿地），而数字则表示序列号。W2 和 W3 区代表新石器时期以来形成的隆起的海床。M1 和 H4 区是沙质"岛屿"，周围是没有建筑物的低地。霍伊斯列夫村（B5）位于被沟壑（S7）贯穿的冰川终碛（H8）脚下。图 6.8 中的照片是从地图东部的山顶拍摄的。

来源：Stahlschmidt and Nellemann（2009）：*Metoder til landskabsanalyse*

图 6.7 霍伊斯列夫的区划，航拍图

该区域（图 6.6）的正射影像。S7 区的土地用途非常多样化，其中的林地与半天然草原和耕地混合在一起，与 H8 区的线性树篱景观形成鲜明对比。在其他地方对比则不太明显。每个同质景观区域都拥有一个地名，以及对地形形态、土地利用以及可能的特殊特征的简短描述。

来源：Stahlschmidt and Nellemann（2009）：*Metoder til landskabsanalyse*

图 6.8 霍伊斯列夫的区划，照片

前景区域（区域 8）代表"繁密的树篱和防风林"景观特征类型。古老的云杉逐渐减少。在山下，隐约可以看到新的落叶型树篱。霍伊斯列夫村（B5 区）被树木掩映；只可见左侧的教堂。湿地（W2 和 W3）几乎没有木本植被。镶嵌斑块景观（M1 区）右侧的白色建筑是斯塔鲁普庄园（Staarup Estate）。摄影点位置如图 6.6 和图 6.7 所示。

来源：Stahlschmidt and Nellemann（2009）：*Metoder til landskabsanalyse*

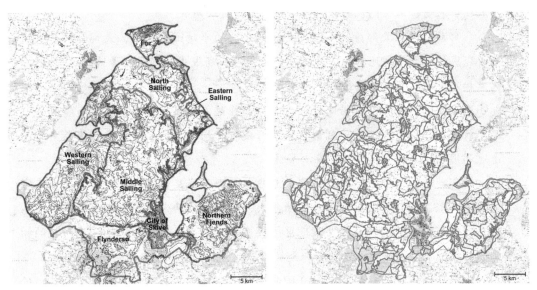

图 6.9 斯凯夫市的区划

除了斯凯夫的城区，整个市域被划分为 331 个景观特征区域。根据主要特征，景观特征区域被组合成七个景观大区。斯凯夫镇被划分为独立的第八个大区。底图采用比例尺为 1：100000 的标准地形图，并突出了等高线。不同区的等高线图案有所不同。霍伊斯列夫的村庄（图 6.6—图 6.8）位于"费延兹北部"（Northern Fjends，字母"N"）左侧。每个景观大区的特征都是互为参照的。

来源：Skive municipality（2009）

在接下来的过程中，可能需要将选定的景观区域进一步划分为同质的子区域，以阐明该景观区域内部的细微差异。

另外，如果景观管理的问题是批准在乡村地区建造新住房，则可以通过在计算机上点击这一景观区域的描述，了解景观类型和景观大区，检查该区域地形图和航拍照片来解决。基于景观区域分类建立的场地理解，不能取代景观规划师/管理者在真实世界中进行的一手的田野调查，但它可以使分析更有针对性，并提高分析效率。

在乡村地区管理和与环境部的对话中，景观区域分类的数字化有助于快速了解某一景观类型在市域范围内的覆盖程度。在 GIS 程序中，需要讨论的景观类型及其在市域范围中的位置可被选中，从而让人快速了解其覆盖程度。通过这种方式，景观区域提供了与现有基于部门的决策所不同的另一种方法。在现有方法中，无论景观类型的覆盖程度如何，所有景观区域都被同等对待。景观区域分类提供了一种考察景观类型和单个区域特征的工具。然后我们可以选择维持景观的使用现状，或者改变它。

七个景观大区（从北部开始）

富尔。富尔岛具有非常明显的景观异质性和鲜明的特征。岛的北部由沟壑纵横的山峰、空旷的硅藻土黏土坑和功能混合的土地利用组成。南部则是被一些小农农业、农场、工业化农场等占据。东部有蜿蜒的滩脊。

北部萨林。在北部萨林，湿地斑块与平整的冰碛山丘相间。大部分以前的湿地都变成排完水的耕地，而其他湿地则是湿地牧场或未利用的沼泽地。沙质土壤、树篱和农民的农场在冰碛山丘中占主导地位。

东部萨林。东部萨林沿海地区的特征是丘陵、悬崖和峡谷。这里有各种各样的建筑类型，从大型房地产到第二居所开发项目均有。这里的景观拥有着丰富的土地利用和视觉品质，包括了海湾景观。

西部萨林。沿着萨林的西海岸，断崖与低海岸线交错。这个小海湾有着丰富的海岸线形态。萨林居民的第二居所很大一部分位于西部。在一些地方，湿地从海岸延伸到内陆长达数公里。该地区受到西风、沙质土壤和作为防风林种植的树篱的影响。农业呈现出传统农场和大规模工业化农场混合的特征。

中部萨林。中部萨林拥有由开阔的平原、集约化饲养场和风力发电场组成的景观。肥沃的土壤和平坦的高原形成了有利的农业生产条件。总体而言，散布的村庄和乡村小镇，以及教堂的远景是该景观大区的共同特征。

弗林德索。弗林德湖（The Flynder Lake）地区的特点是大面积平原，与萨林冰碛地貌形成鲜明对比。西部以前是一个小水湾，现在是一个湿地环绕的淡水湖。

东部是两公里宽的河谷，耕地、牧场、种植园和沟渠网镶嵌其中。弗林德湖周围的区域由被荒原和云杉人工林覆盖的冲积平原和壶口区组成。

费延兹北部。在北部的费延兹半岛，冰碛山丘与隆起的古前海岸地带、成片的冲积平原和沟壑交错分布。土壤主要是沙质的，大部分地区分布有密集的防风林和小块的森林灌木丛。景观异质性体现在地形和景色的多样。

斯凯夫案例将同质区域归为不同景观类型，形成景观大区。因此，这种层级分析的程序是自下而上的过程，与前文所述的苏格兰景观特征评估类似，与自上而下的英格兰景观特征评估方法不同。事实证明，相对详细的景观类型制图对于开展本地协作很有帮助。但是，在针对弗林德索区的部分地区制定景观策略的另一项实验性规划中，这些景观类型显得过于详细。在这种情况下，产生了一种新的、更粗略的分类体系。这种新的分类也已经成为讨论的基础，并为不同区域提供了建议的开发内容（Primdahl and Kristensen，2016）。

主要案例 B：丹麦景观特征评估方法——斯文堡

丹麦的景观特征评估方法是由丹麦环境部发起的一套分析和规划系统，自 2007 年开始被环境部推荐为各市乡村规划和管理的工具（Danish Ministry of the Environment，2007a；Caspersen and Nellemann，2009）。丹麦的评估方法受到了英国景观特征评估（Swanwick，2002）和罗斯基勒县（Roskilde County）区域规划开发中的景观评估方法的启发（Nellemann and Wainoe，1992）。在下文中，以 LCA（DK）表示丹麦的景观特征评估方法。

丹麦芬恩岛（the Island of Fyn）的斯文堡开展景观特征评估的目的是，创建一种公认的方法来识别和描述当地的景观特征和视觉品质，并以此作为导向行动的基础，协助管理当地景观特征的景观发展和变化，确定市域景观规划和管理事项的优先顺序。对于该方法的创建，有一项重要的要求：该方法应是系统化的，依据充分且透明，并在很大程度上基于 GIS，以便可以更新评估，并与其他规划专题进行协调衔接（Danish Ministry of Environment，2007a）。

LCA（DK）将景观特征区域作为分析和规划的基本单元。景观特征是指景观区域中自然因素与土地覆盖之间的特定相互作用以及特定空间和视觉因素。它们使得该区域具有特点，并与周围景观得以区分。LCA（DK）的出发点是现状景观的特征，但分析也包括了景观的起源和发展。与前面几种规划中的景观分析方法不同，LCA（DK）强调对所有乡村景观进行特征描述和策略制定，也就是说，它不仅包含了在游憩评估中被认为值

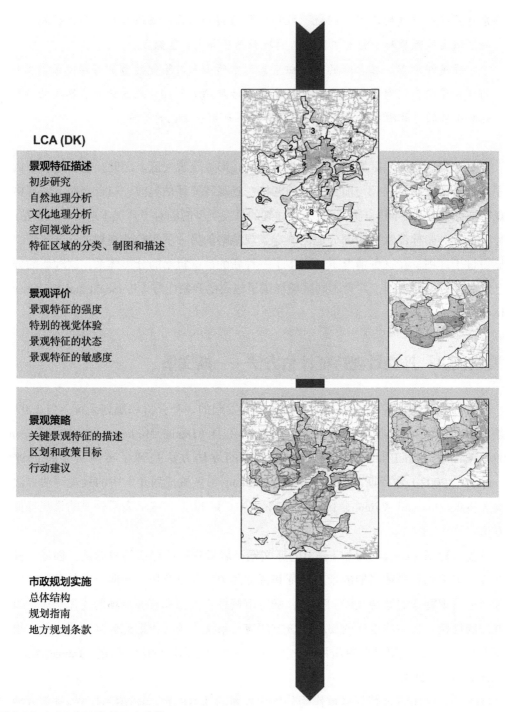

图 6.10 LCA（DK）的四个阶段

丹麦景观特征评估的四个阶段旨在为市政规划提供支撑,包括:(1)景观特征描述;(2)景观评价;(3)景观策略;(4)实施。图中所示区域来自丹麦的斯文堡市,展示了区域1"斯文堡市西部的埃根塞(Egense)"分析实例。前三个阶段确定了区域范围;在第四阶段,战略实施转化为市政规划中的规定,包括总体结构、景观规划指南和其他专题,以及地方规划和管理框架。

来源：Moderated from Danish Ministry of Environment（2007a）：*Vejledning om landskabet i kommuneplanlaegningen*

得保存的部分特殊景观，还包括了日常景观及其发展。LCA（DK）全部采用 GIS 系统，因此可以不断更新各个阶段的成果，以清晰地反映景观和社会的后续发展。评估采用的比例尺为 1 ：25000 和 1 ：50000。

在市政规划中，LCA（DK）程序包括以下四个阶段：阶段一为景观特征描述，阶段二为景观评价，阶段三为景观策略，阶段四为实施（图 6.10）。下文为各阶段的具体介绍。

第一阶段：景观特征描述

景观特征描述阶段需要基于具有独特性的同质特征区域（景观特征区域）的识别，对市域范围进行分区，并对每个景观区域进行分析、描述。其中重点关注特征（"关键"）要素以及自然因素和土地覆盖之间的相互作用，还有景观的视觉特征（图 6.11—图 6.14）。虽然分析是基于当前的景观，但它也包含了对景观特征的起源回顾和发展前瞻。制图工作先在案头进行，然后在现场进行验证，参见第 3 章中的卡洛案例（Kaloe）（图 3.4—图 3.10）和第 5 章中的韦思案例（Vaeth）（图 5.13）。

景观特征描述阶段的步骤如下：

1. 现有地图和规划数据的初步研究，如城市总体规划和相关所有法律规定（例如，保护状态和所有权），有关该地区发展的统计数据，以及国家和地方优先事项（例如，国家地质价值地区、文化遗产地区等）。

2. 自然地理 GIS 分析，包括市域自然地理区划。区划的出发点是地貌、地形和土壤的总体格局和相互联系（图 6.11）。

3. 文化地理 GIS 分析和初步的景观特征区域划分。根据人工景观要素（如绿篱和树林、耕地、已建建筑和定居点、历史因素和技术设施以及它们与自然因素的相互作用）的主要特征，对第一阶段中的边界进行修改；确定景观特征的历史源起和时间厚度，以及对于保存景观特征而言十分重要的关键功能。

4. 空间视觉分析。这是识别特征区域的关键特征点的最后一步，识别内容包括特征景观元素和空间视觉特征（尺度、围合度、复杂性等）以及区域边界。此外，还需要识别特殊视觉体验的子区域、要素以及视觉上占主导性的一些技术设备类要素，例如与海、对面海岸有视觉联系的部分特征区域（图 6.13、图 6.14）。LCA（DK）的空间视觉分析如图 5.13 所示，图为单个特征区域视觉分析的示例（采用的图例略有不同）。

5. 市域特征区域分类、制图和描述。这一步骤是对除斯文堡市之外的市域范围内的所有景观特征区域进行最终制图（图 6.12）。

在市域景观特征评估中，景观特征区域及其子区域形成了后续的景观评价和景观策略阶段的总体框架，并为市政规划的其他专题规划提供了依据。举个例子，埃根塞平原农区的南部隆起部分，由于与沿海景观有着紧密的视觉联系，该区域具有特殊的视觉体

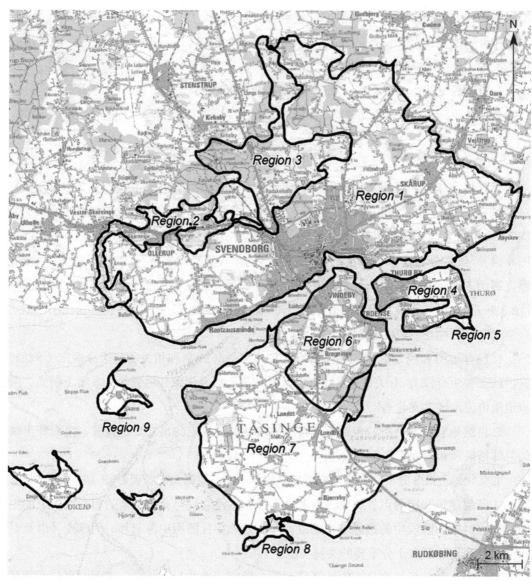

图 6.11 自然地理区，斯文堡市

基于地貌、地形和土壤，该市被划分为 9 个自然地理区。

1. 冰碛平原、起伏的高原和黏土
2. 隧道型山谷（Tunnel valley）、断崖、溪流和黏土
3. 停积冰川构造、起伏地形和黏土
4. 逐渐倾斜的冰碛平原，黏土
5. 海蚀平原，砂土 / 黏土平原
6. 冰碛山、逐渐倾斜的地形和黏土
7. 冰碛平原，黏土平原
8. 海蚀平原，砂土 / 黏土平原
9. 富南（Funen）南部的群岛，有冰碛平原和黏土的岛屿

来源：Danish Ministry of the Environment（2007a）：*Vejledning om landskabet i kommuneplanlaegningen*

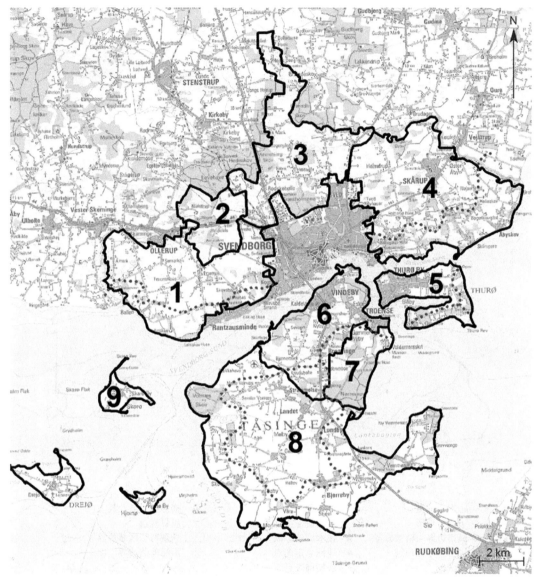

图 6.12 景观特征区域，斯文堡市

文化地理学和空间视觉分析的重点在农村，斯文堡城区被排除在外。冰碛高原包括区域 1 和区域 4，特点是"有分散的村庄和农场的树篱平原农区"。另一个调整自然地理分区轮廓的例子是景观特征区 2。这是一个庄园，山谷中的宅邸被开阔的田地和小面积林地包围。最后，根据森林和起伏的平原农区之间的边界调整景观特征区 3。

1. 埃根塞（Egense）平原农区（图 6.13）
2. 赫维基尔德（Hvidkilde）庄园景观
3. 赫尔达格（Heldager）丘陵景观
4. 斯卡鲁普（Skaarup）平原农区
5. 图罗（Thuroe）岛
6. 布雷宁格山（Bregninge hills）
7. 瓦尔德马尔城堡（Valdemar Castle）庄园景观
8. 塔辛格（Taasinge）平原农区
9. 富南（Funen）南群岛

来源：Danish Ministry of the Environment（2007a）：*Vejledning om landskabet i kommuneplanlaegningen*

▬▬ 边界 – 植被	▥▥▥ 可看见教堂的区域	∧ 摄影位置点及其方向
▬▬ 边界 – 地形	▬ ▬ 技术设备：电力线	< 风景视点
▬▬ 城市边界 – 植被覆盖	★ 技术设备：风力涡轮机	☐ 景观特征区域边界
▬▬ 城市边界 – 建筑	▲ 地标 – 定向点	···· 沿海前陆边界
▨ 地区	● 现场调查点	

图 6.13 空间视觉分析，埃根塞

该分析图展示了特征区域 1 埃根塞的重要空间和视觉特征，识别出了以下独特的子区域：

- 埃根塞蛇丘 *
- 可以看到教堂的埃根塞村边缘区域
- 莱恩斯科夫（Lehnskov）的沿海地区
- 西部以砾石开采为主的区域

蛇丘、部分林地边界和城市边界是重要因素。埃根塞教堂是重要地标。电力线和风力涡轮机等基础设施在环境中占主导地位。"沿海前陆的边界"表明该区域与海洋有视觉联系，面向海岸线。最后，图中标出了现场调查时最重要的视点和摄影位置点。

来源：Danish Ministry of the Environment（2007a）：*Vejledning om landskabet i kommuneplanlaegningen*

---

* 由冰川融化后留下的沙砾和土形成的狭长脊。——译者注

图6.14　特征描述，埃根塞

波浪状起伏的平原农区（图6.12中的区域1）以中等规模的田地为主，树篱、河岸穿插其中。部分河岸被茂密的树林覆盖。沿路分布有中小型农场，林木环绕的零星池塘也为该区域的特征作出贡献。这些要素共同构成了中等尺度的半开放景观。该区域的北面被森林和丘陵包围。景观管理的关键性活动包括农业耕种和对树篱、河岸的管理。图片：该区域的特征是波浪状起伏的平原农区，长长的树篱穿插其中。照片是在沿海前陆的边缘拍摄（图6.13）；背景中可以看到南部富南群岛。

来源：Mortensen，B. 摄

验和敏感性。这种分类结果表明，在随后的景观评价和策略阶段，该区域的规划和管理需要特别慎重。例如，该区域并不适合园林绿化或城市发展。此外，景观特征描述也是其他规划和影响评估的基础——见第8章的弗雷德里克森高速公路案例（Frederikssund Motorway）（图8.4）。

第二阶段：景观评价

诊断阶段的目的是对不同景观特征区域的质量、状态和敏感度进行全面评估，并确定正在进行的开发项目、已规划或可预见的改变的优先级。

评价阶段的四个专题分析

在开始之前，为使评价过程尽可能地透明、统一，首先要建立清晰的标准。评价各个景观特征区域的四个专项标准是：

1. 特征强度（图6.15a）：景观基本要素和空间视觉因素（即该区域各个部分的关键特征）的呈现度和清晰度。自然因素与土地覆盖／土地利用之间的相互作用、景观特征起源的清晰度对于评估特征强度也很重要。对于特征区域中的一些与周边截然不同的子区域，将根据其重要性进行专门评估。

2. 突出的视觉品质（图6.15b）：图中两个子区域凭借其地形、自然或文化内涵，以及独特的空间和视觉因素，提供了非常丰富的视觉体验。

3. 状态（图6.15c）：景观特征的完整性是根据其历史起源、保存状况、受技术设备类基础设施和城市区域的影响等来判断的。总体状态评估是对景观特征的现状及干预需求的诊断。

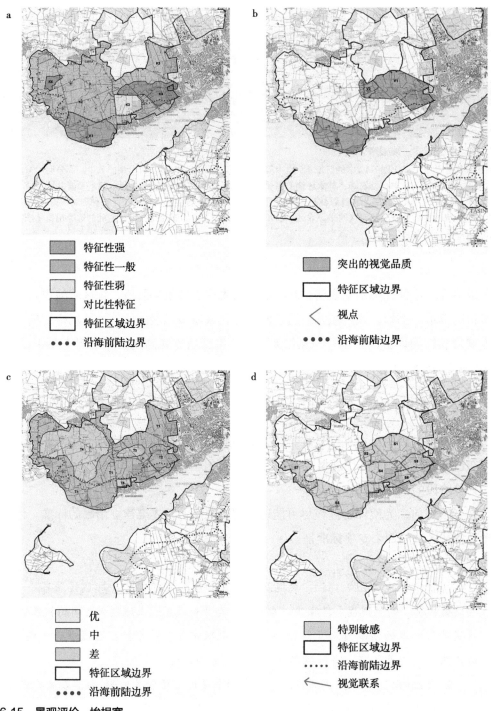

图 6.15　景观评价，埃根塞

a. 景观特征强度

b. 突出视觉品质

c. 状态

d. 敏感度

来源：Danish Ministry of the Environment（2007a）：*Vejledning om landskabet i kommuneplanlaegningen*

4. 敏感度（图 6.15d）：判断景观特征受到的潜在影响。敏感度取决于影响的类型和程度，主要是根据正在进行的开发项目、已规划或可预见的改变进行评估。敏感度评价将影响景观策略阶段的景观管理建议制定。

景观特征强度的评价（图 6.15a）

特征性强：关键特征被清晰地呈现出来。肥沃、开阔的沿海平原和集约化耕地之间的关系赋予了该子区域很强的特征性。

特征性一般：在该子区域，大部分地区具有中等强度的景观特征性。由于树篱的原始结构已经发生改变，抹去了以前耕作的痕迹，使得景观的原初状态有些不太清晰。埃根塞村南部的新开发项目也使得村庄的原有结构变得模糊。

特征性弱：高大的杨树、苗圃，以及比较广泛分布的复杂的耕作体系，未能赋予该子区域清晰的特征，让人难以理解和阐释。

对比性特征：该特征区域东部的一个大型蛇丘，独特的地形、小灌木丛和广阔的农田赋予了蛇丘鲜明的特征，与周围的子区域迥异。西部的砾石坑也是一个与众不同、具有鲜明特征的地区。

来源：Danish Ministry of the Environment（2007a）：*Vejledning om landskabet i kommuneplanlaegningen*

景观评价是通过实地调查和案头研究相结合，对各景观特征区域内的要素进行识别和评价，不涉及与其他景观特征区域之间的比较。实地调查评价中，需要用到一张草图（纸质的或在 GIS 里绘制，比例为 1：25000）和一份记录个人评估依据的表格，这可与空间视觉分析结合起来开展。实地调查后，再回到案头绘制四幅专题图。每幅专题图需对景观进行分区，并说明分区划定的理由（图 6.15）。景观评价除了可为 LCA 的下一阶段（景观策略）奠定基础，还可让地方了解到未来开发建设的潜力和可能存在的弊端，例如用于评估新沼气厂的最佳选址。评价阶段也很适合纳入公民参与，决定景观优先事项。

第三阶段：景观策略

在策略阶段，不仅要为各特征区域的具体政策目标制定提供基础，还要为规划和管理其景观质量、潜力和问题提出具体建议。基于上一阶段对市域范围内的各景观特征区域的评价，我们将这些景观区域划分为若干管理区，每个管理区均有具体的政策目标。管理区是通过专题图分层叠加，将景观特征的强度、突出视觉品质、状态、敏感度结合起来划分的（图 6.15）。

成果：管理区的战略目标可分为保护（也可能是增强）、维护（也可能是恢复和增强）或创造景观特征。对于提供了突出视觉品质的子区域（图 6.15b），无论其景观特征的强度如何，都应受到保护。此外，战略目标的确定应考虑到区域和国家层面的问题，对于这些问题可能需要进行特别的管理干预。

一旦对整个市域进行了分析，规划人员将对景观特征区域建立全面的了解，进而提出具体政策目标的建议。图 6.16 展示了斯文堡市目标区（管理区）的分布。此外，政客和公民也可以参与到政策目标建议制定，决定景观优先次序。实现政策目标所需的具体干预措施和行动取决于景观的特征、突出视觉品质、状态和敏感度。每个目标区都制定了针对该区域未来管理的具体建议，例如，定期清理湿地中新生长的灌木和乔木，推进生态走廊建设，以及在未来新住宅区规划时考虑特色化的树篱和重要景观视点，等等。

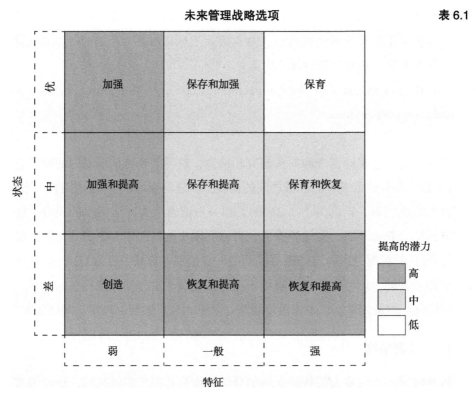

未来管理战略选项　　　　　　　　　　　　　　　　　　　表 6.1

确定未来规划管理政策目标的原则是子区域景观特征的强度和状态之间的相互作用关系。我们迫切需要改善状态不佳且特征性较弱的区域，但没有必要改变状态良好且特征性强的区域。对于后者主要进行保护。

沃诺克和布朗（1998）提出的原理对 LCA（DK）极具启发。丹麦模式中，某些术语略有改动。图 6.16 中"维护"（maintain）等同于本表中的"恢复"（restore），图中的"保护"（protect）等同于本表的"保育"（conserve）。

来源：Moderated from Warnock and Brown（1998）：EA and visual assessment：A vision for the countryside . *Landscape Design*，p. 24

	保护
	保护和提高
	维护
	维护和提高
	创造
	特征区域边界
●●●●	沿海前陆边界

图 6.16　政策目标，斯文堡市和埃根塞

来源：Danish Ministry of Environment（2007a）：*Vejledning om landskabet i kommuneplanlaegningen*

景观特征评估和景观策略阶段的结果可以服务于景观规划、景观优先事项确定，也可以为城市发展、休闲、新型风力涡轮机使用、绿化和自然管理等等其他市政规划所用。此外，它还可以作为地方和项目规划管理的基础。

第四阶段：实施阶段

将景观策略的实施纳入市政规划中的目的，是确保景观策略与其他规划专项（例如城市发展、自然保护、绿化等规划）相协调。经过必要的政治程序和多方利益考量之后，景观问题可以以地方规划和乡村地区管理指南（例如"有价值的风景"指南）和条款的形式纳入市政规划中。

LCA（DK）已经以不同的方式应用于多种目的。该方法发布 5 年后的一项调查（丹麦环境部，2013）结果显示，在首都地区以外，大约三分之二的乡村已经完成（18%）或正在进行（47%）景观特征评估，这表明了景观特征评估对规划的实用性。

图 6.17　埃根塞平原农区
前景中起伏的平原农区代表特征区域 1 的特征要素。背景中的埃根塞蛇丘与周围环境形成对比。蛇丘是一个具有突出视觉品质的子区域，应加以保护。
来源：Mortensen，B. 摄

第7章
选址和景观潜力

引言

我们使用"选址分析"这一术语，是指为计划开发的项目系统地搜索和选择潜在的地点。选址分析需要解决的问题是："在景观中哪里是最适合开发的潜在地点？"基于景观的选址分析提供了考虑景观因素后的答案。

《牛津词典》（2011）将"地点"定义为"城镇、建筑或纪念物所处的一片地面区域"，梅尔（2005）认为"地点"是景观规划设计的基础。《牛津词典》将"选择"一词定义为"仔细选择某人或某事为最佳或最合适的行为或事实"。由此，本书中"选址"是指在景观中确定项目建设的最佳或最合适地点这一过程。

从国家层面的高速公路、输电线等大型基础设施的规划，到邻里层面的新房选址，选址分析可用于景观设计和规划的各个层面。因此，选址分析可能涉及大片的土地，需要大量的基础数据和熟练的数据处理来应对各种复杂情况。例如，政府决定新建一个垃圾场，那么建在哪里呢？或者，某电力公司需要为一个新的风力发电场或输电线路找寻合适的位置。此类复杂的选址分析可能涉及诸多因素，需要一些景观规划师所不具备的技术知识。因此，对于大型项目，基于景观的选址分析可能是一个更大的总体任务的一部分，这项总体任务涉及不同的学科、不同的专业团队和不同的工作内容。而对于一个景观设计类项目，景观规划师则可能是占主导地位的分析人员。因此，景观分析关键的第一步是明确景观规划师的工作范围。景观规划师可能会参与到多个层面和类型的分析，如项目的选址，可以从国家或区域层面的选址开始，再缩小到特定景观层面进行更为详细的选址。

传统的选址分析方法是根据开发需求和必须考虑的不同类型的景观影响，来识别影响选址的因子。这意味着要在地图上画出若干区域，这些区域对于开发项目而言具备不同的景观潜力和限制因素。这种技术使用起来简单快捷，通常在初始调查潜在的选址时十分有用。在随后的分析中还可纳入其他的技术。

图 7.1　在风景处于适当位置的感觉

景观分析的一个共同目标是选择恰当的地方开展新建工程。选址优越不仅仅是一个美学问题，还可能是生物性根源层面的一种状态（Appleton，1996）。图中一个熟睡中的孩子本能地选择了适合于睡觉的位置，可以扩展成我们对房屋选址，或者鲁滨逊·克鲁索扎营的最佳位置进行有意识的评估（第 1 章）。

来源：Stahlschmidt，P. 摄

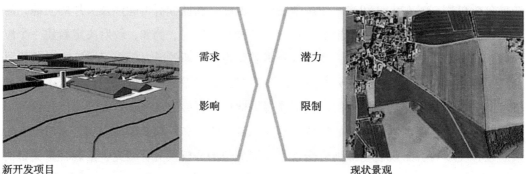

新开发项目
拟建项目或改变土地利用
现状景观

图 7.2　新开发项目与现有景观的关系

开发项目会对场地施加某些要求，可通过景观提供的潜力进行比较分析。同样，景观会对开发项目有一定的限制，可通过场地开发可能造成的影响进行比较分析。以在花园中选择晾衣绳的最佳位置为例，这个"项目"需要一个有阳光和风的位置，这可能位于房子南边的草坪上。"景观限制因素"是晾衣绳不能影响到从客厅窗户看花园的视野。我们需要确定一个满足这两方面要求的场所。再如，如图中所示，新建大型养猪场需要靠近公路，建在一个相对平坦且地基稳定的区域。景观限制因子包括，养猪场相对于村落周围现有有价值的文化环境，不会显得过于突兀，也不会给当地居民带来噪声或恶臭问题。

来源：Dansk Landbrugsraadgivning，landscentret（2008）：*Visualisation. In Stahlschmidt and Nellemann*（*2009*），p.86. Forlaget Groent Miljoe，Copenhagen

明确选址的因子，是为了确定在景观中哪些位置拥有强有力的论据支持或反对未来的开发，哪位区域是具有灵活性的。因此，选址因子是可绘制成图的景观条件，指导某一开发项目的合理选址。选址因子包括景观要素（例如，湖泊是避暑别墅选址的加分项）、景观属性（例如，作为公园的选址，噪声会降低其吸引力）和景观功能（例如，儿童游乐园不应建在废物回收站等用地的旁边）。当我们将多个选址因子进行组合，就得到了综合分类图。这种所谓的叠加分析技术将在下文的分析过程章节中进一步解释。

图 7.3 展示了一个典型的包含选址和景观潜力分析的规划过程。选址建议需要根据项目需求，从景观潜力和景观限制两方面选址因子进行组合分析。一个好的综合性分析，需要从项目开发的角度（例如，"哪里建新房子可以享受到良好的景观？"）和从景观环境的角度（例如，"该选址对周边居民的可视度如何？"）两方面考虑有利点，在拟开发项目和景观之间形成良好的、明确的关系。

这里的"开发"（指项目开发）应从广义上理解。"开发"并不一定指一个新增要素或新增物体，如建筑、道路、风车或电力电缆。它可能是新增一种土地用途，如居民区、

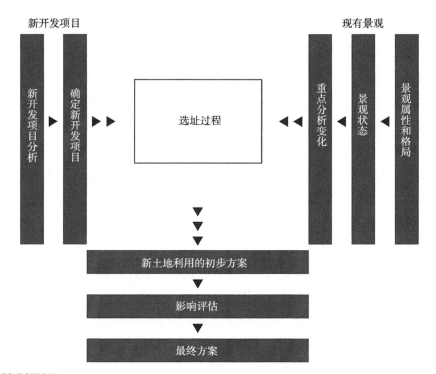

图 7.3　选址分析过程

从左侧开始，确定新的开发项目。从右侧开始，景观评估逐渐聚焦于分析的目标。为了让两个过程相互影响，实际分析中会有多次来往复的交互分析。新的土地利用草案体现了项目开发和景观的综合，在最终方案提出之前还需要进行影响评估（第 8 章）。

来源：Stahlschmidt，P.（1992）

公园、农业等。它也可能是新增一种附属性的土地用途，比如休闲徒步等。最后，它还可能是公共管理目标下的新区域划定，如自然保护区、地下水保护区等。

广义的"开发"概念意味着，选址分析可包含广泛的、确定性和规范性各异的各种可能的项目类型，既有从一开始就有确定规模和形态的建设项目，也有最终设计依然是非常灵活、允许发生改变的可行性研究。道路安全标志就是确定的、不具有灵活性的"开发"的例子。不管放置在何种环境中，该标志必须保持其特定的形式、大小和颜色。相比之下，植树造林就是一个具有灵活性的"开发"的例子。它可以通过多种方式塑造，创造不同形式、图案和色彩的景观。道路和建筑物介于这两个极端案例之间，其设计通常可以在一定程度上进行修改，以适应景观环境。当开发项目不涉及一个具体的要素，而是一种土地利用或区域划定时（例如，寻找一个适合生物多样性提升的区域），其选址问题就会更加抽象、无形。相应地，比起抽象的开发项目（如生境修复），具象的开发项目（如风力涡轮机）可视化的模糊性更低。

选址和景观潜力研究都属于第1章中提及的行动导向分析的范畴。虽然目的不同，但两者的综合分析都反映出对开发与景观之间的关系的考察。

步骤

在选址分析中，需要进行选址的开发项目是非常明确的。分析所要解决的问题是开发项目的最佳选址在哪里。在景观潜力研究中，情况正好相反；已经给定了位置，分析所要解决的问题是景观最适合的功能是什么。譬如，有关场地潜力的典型问题有：
（1）废弃的采石场将来可以用来做什么？最佳用途是游憩利用，农业，还是生境修复？
（2）废弃的工业区可以转变成什么功能？公园，居住区，商业办公区，还是复合性功能？
（3）景观环境的潜力是什么，有哪些机会？

寻找给定景观的潜在用途，需要分析与其所处地区相关的使用需求，例如当地对活动的需求。然后初步评估这些使用需求对景观的潜在影响，并对结果进行比较分析，确定可能的用途范围。景观潜力研究中最重要的基本理念是，景观的属性对于其未来的使用方式应有重要影响。这种方法也见于林学的土地分类（德语：standortskartierung）。林学土地分类的一个关键原则是，树种和种植养护方法的选择应当遵循树木生长的当地环境条件（包括土壤和排水）。这与干预性更强的方法形成鲜明对比，后者需要投入大量的资金，大幅度改变场地条件来适应预先选定的树种。

图7.16—图7.18所示的斯科夫博案例既属于景观潜力研究，也属于选址分析。我们说斯科夫博案例属于景观潜力分析，是因为每个景观同质区域都对未来最佳用途（或开发）进行了评估。而它也属于选址分析，因为它为五个选定的开发项目寻求和确定最佳

图 7.4　融入现有景观格局的建筑物
位于丹麦科索南部的克拉斯科夫加德的康威尔校区，就是一个适应当地景观结构的开发项目。海洋和耕地平原之间的地带由废弃的果园和林地组成。住宅侧翼遵循防风林的模式，与海岸线成直角。而餐厅和会议室集中布置在入口附近，与以前果园的建筑布局模式相吻合。开放空间与树林和沙滩相邻，是一片连续的绿色区域。这个项目由建筑师维果·穆勒－延森和蒂格·安佛莱德，景观设计师斯文·英格瓦·安德森设计，于 1968—1970 年建造完成。
来源：Cornwell Hotels，Campus Klarskovgaard 摄

选址。换句话说，在这个特殊的案例中，描述分析属于何种类别取决于分析的出发点是场地，还是开发项目。

　　选址分析的第一步是明确"开发项目"方案，提出分析内容。譬如，此处景观对于新开发项目的潜在需求或内在驱动力是什么？哪些类型的开发项目是符合需求的？项目的开发规模有多大？项目开发要求有哪些，包括项目基本情况和技术要求（在场地规划中称之为场地策划）是什么？针对开发项目，景观有哪些潜力；也就是说，景观能够提供什么，景观中何处最能满足开发项目的需求？此外，还应分析开发项目的影响（第 8 章），并将其与景观中的限制因素进行比较。例如，一个新建养猪场的选址影响因素包括便捷的道路、稳定的地面和不与住户相邻，避免他们被臭味或噪声问题而困扰。选址因素的类型将在下文进一步讨论。

　　在确定选址因子时，景观分析人员还需要选择能够最为清晰地表达所有因子的分析符号、比例尺、地图和截面图。这需要在分析准备阶段进行一些试验。一种成熟的技术是将各选址因子叠加，形成综合分类图。图层叠加是有着很长历史的景观分析方法，最早从使用透明地图开始（Steinitz et al., 1976）。如今，纸质图层通常已被 GIS 程序中的数字图层所取代，在 GIS 中每个选址因子需要生成特定图层。首先，我们为每个选址因子绘制一张地图（或图层）。这里的因子必须属于同一类，例如，就给定的项目而言都属于限制性因子。各图层显示了某一限制性因子的空间分布，表示方式有灰度栅格等。为了避免在综合分类图中对某些因素重复计算，每个因子必须与其他因子有明显不同，不存在或只存在极少部分交叉。譬如，在多因素分析，如果一个图层"拉姆萨尔湿地区域"，另一个图层是"鸟类学研究价值高的地区"，那么"鸟类保护"这一特定因子会被计算两次。为了避免这种情况，只能计算一个有关鸟类保护的指标。

　　所有专题图层合成一幅综合分类图，就可形成分析结论。其中的单个图层也可能是本书中其他章节介绍的某一类分析或评估的结果。例如，历史分析、空间分析或价值评估也可作为与专题调查同等重要的选址因子。在某些情况下，不同的选址因子可绘制在同一图层上；在另一些情况下，则会优先使用若干相同或不同比例的图层来绘制。在选址和景观潜力分析中，选址因子的特征描述可与景观特征区域分类相结合，正如斯科夫博案例（图 7.16—图 7.18）和兰德斯湾案例（图 7.19）一样。

选址因子识别与组合

　　选址因子可以通过不同的方式进行排列组合。在任一给定的任务中，分析人员都必须选定最为合适的因子和分类体系。下面的清单列举了一种组织可能的选址因子图层的方式。根据任务的不同，最合适的因子组合和排列方式也有所不同。

> 1. 开发需求与景观潜力或限制因素；
> 2. 绝对或相对的场地限制；
> 3. 潜力和限制条件的相互作用；
> 4. 敏感选址周边影响区；
> 5. 未来场地的可能性；
> 6. 尺度。

　　与景观特征区域分类、价值评估等其他分析的差异在于，选址因子的确定来源于外部条件，而不只是在内部研究中确定。官方信息来源、规划部门制定的政策指南和条例都可能是重要的考虑因素，以确保选址分析具有实际性、权威性的和客观性。另一方面，如果专家们的理由、假设能够被解释，基于专家经验的因子选择也是比较重要的。

发展需求与景观潜力或限制

图 7.2 展示了拟开发项目与现有景观之间的相互作用关系。开发需求需要与景观潜力或限制因素进行比较；同样，景观属性需要同开发影响进行比较。我们做一个比喻，假设将开发项目看作一块铁，它在某些地方被正磁场所吸引，但在另一些地方则被排斥。根据开发需求和景观条件，就可以确定哪些景观属性对项目开发而言是具有吸引力（潜力）的，哪些是排斥性（限制因素）的。

这里用一个日常的例子来说明。在野餐时，人们想找到最好的位置来铺开毯子，享受午餐。在这个选址分析中，开发需求包括：没有尖锐树枝的干燥地面、良好的视野、阳光充足且安静。一旦确定了可提供这些条件的位置，开发需求就得到了满足。但选址过程尚未结束。人们还必须考虑景观需求，即野餐对场地及其周边环境的影响，可能包括不破坏农作物、不阻碍道路或他人的视野等。一个好的选址能综合兼顾开发和景观两方面的因素（图 7.5）。

开发需求关注的是从开发的角度什么是合适的。另外，景观潜力和限制因素则关注从景观（即现有的景观价值，包括当地的住户或使用人群认为的景观价值，以及生物物理学层面的价值和历史价值）的角度来看，何为好，何为坏。换句话说，一个选址没有受到景观条件限制，是指开发项目的实施与景观价值和当前使用人群之间不存在冲突。实际上，一个新的开发项目往往会取代现有的用途。因此，在选址分析中，更多的工作是关于景观限制条件强弱的评估，以及判断同一地点兼顾不同用途的潜力。

区分开发项目对周围环境造成的影响的类别，可以使评估变得更加细致。例如，风力发电场的噪声影响和视觉影响存在差异。噪声影响可以通过将风力涡轮机放置在距离房屋较远的地方进行控制，而视觉影响可能远远超出噪声影响的范围，改变更大范围的景观风貌。

建立新开发项目的动力并不总是来自外部。它可能是由当地土地所有者或社区发起的。譬如，一位农民计划新建一座养猪场，扩大他的生产规模，或者当地村民希望新建一条通往海滩或休闲区的步道。

景观潜力和限制因素评估不是一个非此即彼的零和博弈。沃诺克和布朗（Warnock & Brown，1998）、伍德和汉德利（Wood & Handley，2001）提出了 4 种可能的景观管理策略——保育、恢复、加强或创造（表 6.1），其目标都是确保分析的开发项目对景观会产生积极的影响。希利（Healey，1998）认为，采取中性影响或最小影响的方法来解决土地利用冲突，其实可能是一种过分谦卑的方式。她提倡通过建设性和协同性的场所营

	好的选址	差的选址
开发需求（改变利益格局）	景观与开发需求相契合	景观与开发需求相冲突
景观潜力（保护和保育一方的利益）	开发总体对景观有着积极影响	开发对景观造成了负面影响

图 7.5　景观开发项目选址的优劣
理想状态下，新开发项目的选址不仅满足新的功能需求，也有益于场地原有景观。
来源：Stahlschmidt，P.（1992）

造方式，最终导向对现有景观的提升。

选址分析中，选择能够使开发项目利益最大化的位置，还是同时有益于景观和开发项目的位置，两者之间存在一定矛盾。一种方式是寻找能够利用现有景观条件（甚至可能以牺牲景观为代价）的开发"最佳地点"。另一种方式是将开发项目和景观作为一个整体，寻找通过项目开发能让景观品质得以提升的"健康地点"。亚历山大（Alexander et al.，1977，p. 511）支持后一种方式，提出了所谓的"场地修复模式"。该模式的基本原则是"不能将建筑建在最美丽的地方。应把场地和建筑看作一个生活生态系统。让那些最珍贵、美丽、舒适、健康的地方保持原状，然后选择目前场地中最不宜人的地方新建建筑。"在这种情况下，开发项目被用作一种积极的公共计划，例如在一个废弃的采石场建设露营地可能涉及清理和修复工作，从而可提升整个场地的环境。在更大尺度层面，对伦敦奥运会场地这样的重大项目进行选址时，考虑的因素之一正是奥运会所需的设施应当对周边地区产生长期的效益。

这两种方式之间的平衡可能取决于项目开发主体的性质。例如，政府通常比私人开发商更有可能、也更愿意从开发中寻求多重的利益，但情况并不总是如此。此外，富有创意的景观分析可以影响和改变人们的观点，让人愿意考虑有更多益处的选址。开发需求和景观潜力及限制因素之间的区别，可以提醒景观分析人员在整个过程中都要考虑到这两方面，避免得出的解决方案只考虑了建造或保护中的一方。

绝对或相对的场地限制

如果某一选址因子在逻辑上绝对地排斥给定的开发，那么它就对给定的开发形成了绝对的限制。举例来说，在给定的地点根本不可能进行开发（譬如在经常被淹在水下 2m 位置），或者是非法的开发（譬如在禁止开发的保护区建造房屋），就属于绝对限制的情况。另一方面，如果事实上选址因子没有排斥给定的开发，只是减少了可选项，则会形成相对限制。例如，从可持续发展和粮食安全的角度来看，城市扩张占用肥沃的农田是不可取的，但肥沃的土壤并不是建设开发的绝对限制。

在初筛可能的地点时，绝对的限制是一种快速有效的过滤手段。每一项绝对的限制因素都对给定开发项目选址具有事实上的否决作用。例如，度假村这一开发项目的绝对限制因素可以是因为一个国际上指定的受保护栖息地的存在。在这种情况下，即使是最好的选址也会被排除在外。这意味着没有必要去收集更多关于栖息地的信息，也无需开展耗时的田野调查，即可快速高效地从搜寻范围中删除该选址。

绝对的限制因素必须符合场地有关的规定和基本原则等严格条件，才能被纳入选址过程中，以免在之后的阶段引人质疑。因此，界定绝对限制的因素必须是精确的（例如，法律规定的边界）。而且，相对限制因素可以是一个递减的因素，被限制的程度是可以开放讨论的，边界的确切位置也是不确定的。因此，在为某一特定开发项目进行选址时，人们可能将防洪区和受保护的自然区域视为绝对的限制因素，而将噪声视为相对限制的因素。

图 7.6　与现有景观不相称的新农场建筑
技术变革是改变文化景观的主要动力。在这幅图中，新建的大型谷仓和马厩，与小尺度的地形形态和已经显得过时的传统农场建筑形成鲜明对比。现代化的谷仓需要大且水平的地面，可能会导致土方工程和地表面的改变，进而加强了新旧之间的对比。慎重的选址和土方工程设计、建筑设计、材料选择和种植可以将新旧两者更好地融合在一起。
来源：Primdahl, J. 摄

潜力和限制因素的相互作用

在绘制综合地图时，我们将具有吸引力的事物（如宜人的日光浴海滩）描述为积极的景观潜力，而将讨厌的东西（如噪声）描述为消极的景观限制因素，这似乎是非常显而易见的。然而，这种指定是可以由正转负，或者由负转正的，就像将一张黑白照片可从底片转变为正片，也可从正片转变为底片一样。在分析中，如果我们反向转变指定的方式，则该区域类别变为不适合日光浴的区域（而不是适合日光浴），而无噪声区域替代了之前的有噪声影响的区域。从方法论上看，不论是关注被界定为景观潜力的选址因子，还是景观限制因素类因子，两者本质上其实没有区别（图 7.7），因为它们互为镜像。此外，反转可以帮助我们更快地聚焦选择范围。

如果一个工厂的建设要求是平地（例如，坡度小于 5%），在地图上它既可以画成潜力因子，也可画成限制因子。在后一种情况下，图示符号表达的是"坡度超过 5%"的区域（图 7.7）。比起图 7.7b，图 7.7a 可以更为方便地选出覆盖面积最小的方案。然而，确定绘制方式时，需要考虑的最重要的因素是选址分析的过程。原则上，将积极的需求界定为决定性的选址因子并没有错，但在实践中，决定性的因素通常被定义为消极的限制因素。图 7.14 介绍了叠加技术，该技术要求将所有选址因子都定义为限制因素。

敏感选址周边影响区

开发需求还关注项目的周边环境，即项目所在地附近甚至更远的区域。这会以不同的方式影响着选址。例如，湿地的内部是限制修建度假区的，但由于它风景质量好，野

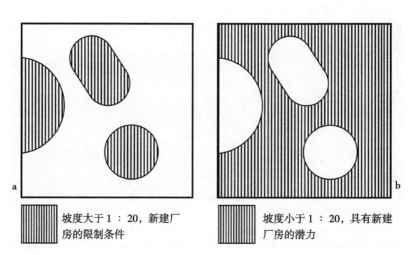

坡度大于 1：20，新建厂房的限制条件

坡度小于 1：20，具有新建厂房的潜力

图 7.7　积极或消极因

积极的选址因素和消极的选址因素可以互为镜像，所以正负标志可以被调换，以适应不同的目的。

来源：Stahlschmidt, P.（1992）

生动物丰富，湿地能够为周边环境带来潜力。通过绘制湿地的周边影响区可进一步明确湿地所提供的开发潜力（图 7.8）。同样，周边影响区也可以围绕入口道路、商店等因素进行绘制。当然，影响区的范围是需要评估的一个问题。

　　开发项目产生的影响主要发生在其所占据的场地之上，但也会通过气味、噪声、交通、视觉外观等方面对周围环境产生或多或少的影响。摩托车赛道会让周边地区深受噪声影响，度假村会损害周边自然区域。在这些情况下，需要划定一个敏感地区的保护范围。在图 7.9 中，在植物形态很有趣的草甸周围划定了保护范围。

场地未来的可能性

　　景观分析人员通常对确定开发计划是否能够实现更为关注，但在很多情况下，没有人能回答这个问题。在这种情况下，分析人员必须应对这种未来的不确定性。图 7.10 中不仅涵盖了现有道路产生的噪声区，也会将拟建道路的噪声区带看作开发限制因素。

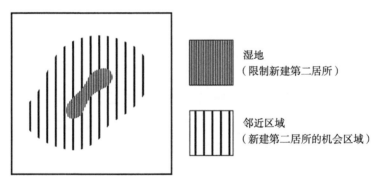

图 7.8　湿地周边区域
当我们将场地与其周边区域区分开来时，湿地既吸引着新度假村的建设，也排斥新度假村的建设，这样的结论并不是自相矛盾的。
来源：Stahlschmidt，P.（1992）

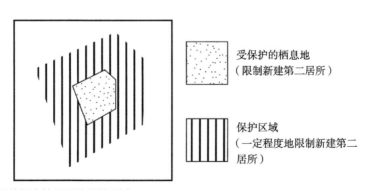

图 7.9　受保护的栖息地周围的保护区域
该片栖息地提供了一个很好的建设度假村的位置，但栖息地周围的区域会对度假村建设形成一定程度的限制。
来源：Stahlschmidt，P.（1992）

也许，拟建道路永远不会实施，但仅仅是这种可能性，就足以成为将拟建道路纳入住房选址分析中的理由。

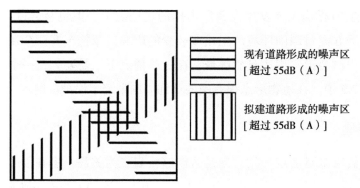

图 7.10　根据现状和已有规划预测的选址因子
即使我们并不知道拟建道路是否真的会修建，但对于噪声敏感的新开发项目（例如住区建筑）而言，需将拟建道路列为限制因素。
来源：Stahlschmidt，P.（1992）

尺度

最后，我们注意到，使用不同比例尺的地图有助于根据相关细节程度对选址因素进行分类。通常情况下，避风处、遮阳处等选址因素只会在精细尺度的地图中对选定区域进行分析（图 7.11），而地形分析则在更大尺度的地图中进行才有意义。换句话说，地图的尺度可以帮助分析人员区分密切相关和无关紧要的因素。

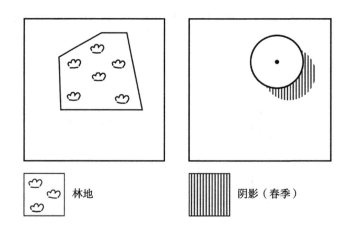

图 7.11　尺度作为决定性因素
"遮阳"这一选址因素在 1 : 500 的地图上是一个问题，但在 1 : 25000 的地图上却是无关紧要的。
来源：Stahlschmidt. P.（1992）

主要案例：麦克哈格的叠图分析法

这个例子来自 1969 年伊恩·麦克哈格的《设计结合自然》，它是景观分析领域的经典之作。这本书认为，每一个场地都有其固有的属性，能够并且应该指导未来的土地使用。因此，景观规划师的工作就是保持开放的思维，在给定地点确定合适的土地用途。景观分析揭示相关的景观属性，并将其纳入规划过程。麦克哈格还提出，场地可以决定未来具体的土地用途。

麦克哈格的书中有大量的短文和案例，并且各章内容的复杂程度逐渐递增。本书的开头部分讨论了里士满林园大路的案例（图 7.12—图 7.15），说明了如何处理一个相对简单的规划任务。该案例是为纽约郊区的一段新建高速公路进行选线。最初这条道路的建议选线位于绿化带内。麦克哈格提出了替代方案，想证明如果考虑了所有的社会成本，绿化带内的选线方案比位于绿化带西侧的替代路线成本更高。图 7.15 中的虚线表示最初建议的选线。

叠加技术可以用来揭示选址的可能性，但如果直接将大量的专题图作为综合分类图的基础，叠加技术的作用就不大了。叠加技术的关键要求是对最基本、必要的选址因素进行分析，综合分类图作为提出可能方案的基础，而不是直接确定实际选址的方法。

里士满林园大路案例属于用叠加技术来描述选址因素特征的分析类型，这是《设计结合自然》书中主要使用的分析技术。在该案例中，叠加技术的架构特别复杂，而且是单独应用，没有将景观区域分类或空间分析作为补充。建议的新高速公路选线是直接在综合分类图上绘制的（图 7.15）。

该分析的目的是选址，分析内容包括景观潜力和限制条件，以及技术性要求。但并未包含对风景的要求，比如确保驾驶者有良好的视觉体验。因此，分析得出的方案成本更低，并且对现有景观的损害最小；而如果得到的方案恰巧风景也很优美，那就不是因为分析的缘故了。

该分析中的 16 幅专题图获取来源主要是通过数学计算（例如坡度）、田野调查（例如地层和土壤状况）、现有数据（例如房地产的价格）和专家评估（例如历史价值和游憩价值）。

里士满林园大路案例分析包含了 6 个关于开发需求的专题图层和 10 个关于景观潜力和限制条件的专题图层。所有因子的表达都是相同的，每个因子都是一个灰度栅格图。每张专题图分为 3 级：深灰色栅格区域代表因子影响程度高，浅灰色区域代表影响程度中等，空白区域代表该因子对道路选线项目没有影响。所有透明地图通过叠加技术进行组合，就得到了一张关于开发因素的综合分类图和一张关于景观因素的综合分类图。

图 7.14 是关于开发需求的综合分类图。图中黑白间隙中有许多阴影区域，仿佛一张

坡度

图 7.12　里士满林园大路，坡度分析

坡度是图 7.14 中的一个图层。浅灰色区的坡度为 2.5%—10%，深灰色区域的坡度超过了 10%。坡度的分级对结果至关重要。

来源：McHarg（1969）：*Design with nature*，Copyright ©1991 John Wiley and Sons

地表排水系统

图 7.13　里士满林园大路的地表排水系统

地表排水系统是新建道路的另一个限制条件。浅灰色区域为天然排水沟和狭窄的排水区域，深灰色表示地表水体。

来源：McHarg（1969）：*Design with nature*，Copyright ©1991 John Wiley and Sons

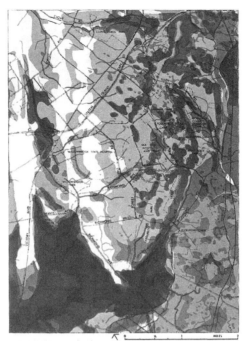

综合：自然地理方面的阻碍

图 7.14　里士满林园大路，叠加技术

该综合分类图结合了 6 张专题图的信息，每张专题图描述了一组特定的要求（坡度、地表径流、排水条件、岩床、土壤和侵蚀风险）。每张专题图都包含一个基于三区分类的价值评估。区域 1 对高速路的新建要求最为苛刻，用颜色最深的栅格来标记。因此，理论上综合分类图从白色到黑色有 18 个等级（6×3）。最终简化的标注通常只分为消极或积极两种，由此得到从开发角度的最佳道路建设地点图，图中颜色较浅的区域适宜道路建设。

来源：McHarg（1969）：*Design with nature*，Copyright @1991 John Wiley and Sons

X 光片。将针对开发需求的地图和描述现有景观价值的地图（此处未展示）再一次进行组合，形成最终的综合分类图。综合分类图中，颜色越深的区域，越排斥高速路的开发。颜色最深的区域意味着社会效益最小、最不节约、社会成本最大。

在里士满林园大路案例中，综合分类图中各选址因子权重相同。当某些因子间有因果关系，或者它们的权重值不相同时，就会出现问题。麦克哈格在规划里士满林园大路时，还没有 GIS 地理信息系统。但麦克哈格的方法非常适合于数字化处理，在景观规划文献中可以查到很多这样的例子。有了 GIS 地理信息系统，该方法可以变得更加精确，能够在加权叠加分析中对每个单因子进行权重赋值。

里士满林园大路案例专题图数量较多，展示了分析过程的逻辑性，分析技术整体让人感觉印象深刻且非常理性。这个案例说明，道路选线方案可以通过对景观条件（包括潜力和限制因素）仔细的、系统的空间分析来确定。尽管图 7.14 中的地图是通过大量的数据集合得到的，但整个分析却是用一种指导性强、简洁明了的图解形式进行阐释说明。

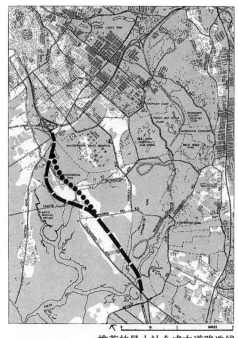

推荐的最小社会成本道路选线

图 7.15 里士满林园大路，道路选线方案

与描述开发需求的地图（图 7.14）类似，景观需求也是用综合图来表示。景观限制因素综合图由 10 张专题图组合而成，每张专题图描述了一种价值（房地产价格、潮汐、历史、视线、游憩、水、林地、野生动物、住房和公共机构）。然后，再将两张综合图合并成一张地图，汇总了所有的社会价值。图 7.15 是最终的汇总图，它被简化成 2 类，白色代表综合图上的浅色区域，灰色代表所有颜色较深的区域。幸运的是，高速公路选线可以位于效益和成本之间有良好平衡的区域内。图中右侧用较弱的圆点虚线表示的，从北面高速互通往南的路段是最初穿过绿化带的道路选线方案。

来源：McHarg（1969）：*Design with nature*，Copyright @1991 John Wiley and Sons

补充分析

影响选址的诸多因子表明，选址分析与第 6 章讨论的特征评估具有某些共同特征。区别在于选址分析的目的是为特定的项目确定和选择场地，而景观特征评估则是一种更广泛的分析，对于未来可能的变化更加开放。两种分析可以结合起来，下面讨论的两个选址分析案例中的变量都结合了景观特征区域来确定选址因子。

斯科夫博选址分析

在本案例中，景观特征区域分类先于选址因子的确定，潜在的选址位置仅在被划分为适合给定开发项目的景观特征区域中予以考虑。斯科夫博是位于哥本哈根西南 40km 处的一座城市，1975 年计划进行大规模的城市开发，因此需要开展景观分析。该分析首先确定了同质景观区域。接下来，根据城市发展、工业区、主要道路、公园和其他游憩区，农业等不同的土地利用类型，分别判断各景观特征区域具有的潜力。如图 7.16 所示，主要是通过景观限制条件的分析来判断其潜力。然后，针对每一种土地利用类型，将景观区域划分为适合、不适合及有条件的适合三个类别。然而，这种分类过于粗略，不适用于选址分析。对于各土地利用类型，如果某景观区域被列为"适合"或"有条件的适合"，则会被纳入接下来的选址分析中。选址分析依然是通过分析景观限制条件来实现的。

图 7.18 给出了第 9 区域开展"城市化"的详细限制区域（即图 7.17 中的阴影区域）。分析结果显示，图 7.18 中的绿色区域表示适合城市开发，而不适合城市开发的区域则以白色表示。然而，由于这是为多种潜在的土地用途而作的分析，在最终确定居住区的选址之前，可以预期还会进行进一步的调整。

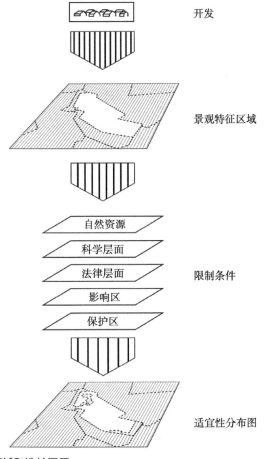

图 7.16　斯科夫博景观区域和选址因子
斯科夫博研究中，首先划分了 115 个景观特征区域，并且分别针对五种不同土地使用类型，对每个景观具有的潜力进行了分析。图中只有中心地区适合居住区开发。在适合的景观特征区域内，通过一系列的筛选，进一步缩小适合城市化的潜在范围。图下方的白色区域代表了具有居住区开发潜力的景观区域，受到景观条件限制，范围有所缩减。
来源：Olsen and Stahlschmidt（1975）：*Egnethedsanalyse for Skovbo Kommune. Landskab* no.6, p.111

图 7.17　斯科夫博选址因子的特点

图中显示了第 9 区域 "城市开发" 的 4 个限制因素。在此前的分析过程中，第 9 区域被认为是适合新居住区开发。铁路沿线有一个长 100m 的噪声区，邻近拉姆斯特鲁普有一个积水区，还有两个小的 "地势起伏区域"（坡度超过 16%，垂直高差至少 5m）。从开发的需求角度，这些因子是对城市开发的绝对限制条件。Borup 湖向外扩展 150m 的保护范围则是一个从景观需求角度的相对限制条件。

来源：Olsen and Stahlschmidt（1975）：*Egnethedsanalyse for Skovbo Kommune. Landskab* no. 6，p.111.Here depicted on the map sheet 1513 Ⅲ NE. Surveyed：1969. Corrected：1970

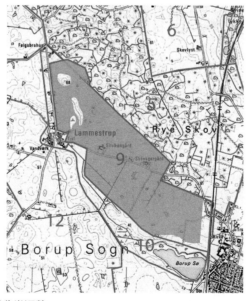

图 7.18　斯科夫博景观区域分类调整

结论是，第 9 区域内的绿色区域（见彩插）具有城市开发的潜力，而白色区域存在限制性因素（图 7.17），排除了用地选址的可能。

来源：Olsen and Stahlschmidt（1975）：*Egnethedsanalyse for Skovbo Kommune. Landskab* no. 6，p.111.Here depicted on the map sheet 1513 Ⅲ NE. Surveyed：1969. Corrected：1970

丹麦 LCA 选址分析——兰德斯湾

该案例主要说明了如何在第 6 章斯文堡案例所描述的景观特征基础上开展选址分析。对象区域与第 5 章可视分析（图 5.4）的范围相同，选址分析的目的是为绿化和大型养殖场开发奠定基础。丹麦法律规定，由于存在对环境的负面影响（噪声、臭味、污染等），新建大型养殖场建筑（包括猪舍）必须搬离村庄。

LCA 选址分析是在特征区域基础上开展的，特征区域是自然因素、土地覆盖、土地利用和空间视觉等方面相互作用的结果。选址分析包括确定开发项目、分析景观敏感性、细分选址潜力和限制条件三个方面。

景观敏感性分析（图 7.19）以景观特征描述和可视分析（图 5.4）为基础。除了基于 GIS 的可视分析之外，敏感性分析还包括实地调查。兰德斯湾位于日德兰半岛东部，邻近兰德斯湾的海洋前陆地区是完全开敞的，没有建筑，只有集约的耕作。前陆地区对新

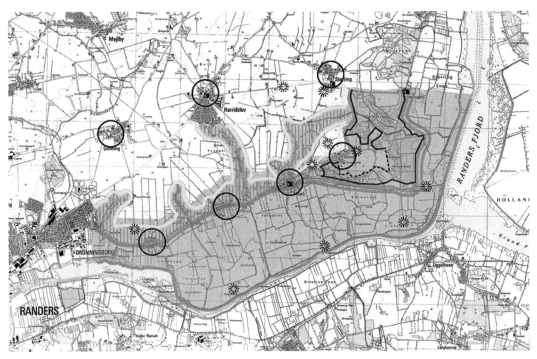

图 7.19　敏感性研究，兰德斯湾

敏感性研究以特征区域和可视分析为基础（图 5.4）。图中，用蓝色轮廓线框（见彩插）定的景观特色区域范围为集中耕作的海洋前陆，未建造任何人工构筑物。黄色轮廓线框定的特色区域是集中耕作的冰碛高原。绿色轮廓线标出了散布的林地。最后，绿色的条纹区域表示独特的石器时期的海岸悬崖和被侵蚀的峡谷。小太阳似的符号表示主要的眺望点。圆圈表示牲畜养殖场规模不断扩大的村庄。红色的角度符号表示图 7.21 中照片的视点及视域。灰色区域是对新建农业建筑和绿化特别敏感的区域。

来源：Nellemann et al.（2004）：*Landbrugsbygninger, landskab og lokal omraadeplanlægning- metoder til landskabskaraktervurdering og oekonomlvurdering*. By– og Landsplanserien no.23, p.58.Skov & Landskab, Hoersholm

开发尤其敏感，独特的悬崖和峡谷区域也是同样的情况。

　　养殖场扩张或搬迁的限制条件和潜在位置的具体分类如图 7.20 所示。限制条件包括景观敏感区域、居住区和风力发电厂周边保留的安全距离，以及个体养殖场用地制图。分析图显示，当将安全距离、敏感的景观价值视为绝对的限制条件时，只有很少的可供养殖场开发的选址，且所有选址可达性都很差。如果将交通可达性这一选址因子也视为绝对的限制条件，那么在现有的用地地界范围内，只有一处位于阿尔拜克的养殖场有开发的可能。因此，选址分析表明，需要结合土地整理，进一步开展该地区的土地利用规划。

　　在对兰德斯湾区进行选址分析的基础上，提出了新养殖场开发和绿化的若干情景方案，这些情景是考虑了风景的特色地形、植被、建筑分布、特殊的视觉品质、道路结构之后的可能解决方案。其中一个情景如图 7.22 所示。未来情景分析将在第 8 章中进一步讨论。

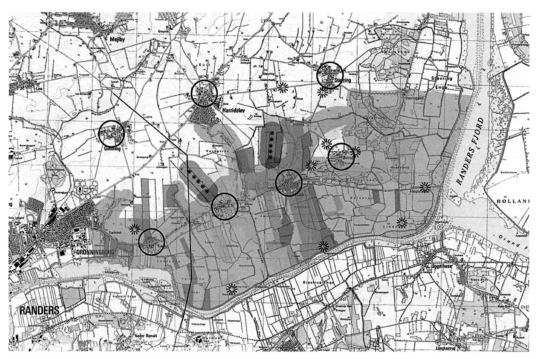

图 7.20　限制条件和选址方案分布图，兰德斯湾
敏感区域和与居住建筑的法定安全距离区用灰色表示，与风力发电厂（用"星星"符号标记）的距离区用深灰色表示。在阿尔拜克村，有 4 个规模正在扩张的养殖场（红色圆圈）。这些养殖场的用地用赭色、粉红色、蓝色和深蓝色表示（见彩插）。灰色区域是绝对不允许建设的，在阿尔拜克村的用地地界范围中，只有少数剩余的地块适合新建养殖场。因此，提出新建 3 个大型养殖场的选址位于现有用地地界范围之外，在图 7.22 所示的从阿尔拜克到哈里斯莱乌的公路以东的冰碛高原上。
来源：Nellemann et al.（2004）：*Landbrugsbygninger，landskab og lokal omraadeplanlægning-metoder til landskabskaraktervurdering og oekonomlvurdering.* By- og Landsplanserien no.23，p.59.Skov & Landskab，Hoersholm

　　本章中选址分析的关键内容是识别与开发有关的景观潜力和景观限制条件。这是基于一种假设，即某些类型的开发不适合在某些特定的地点进行，因为该开发会对景观产生负面影响。因此，选址分析过程还要对研究范围内所有的可能选址地点进行拟开发项目的初步影响评估。在下一章中，我们将介绍在确定了优选位置后开展影响评估的详细过程。

图 7.21　阿尔拜克村

该村庄坐落于海洋前陆和较高的冰碛高原之间的前海岸峭壁脚下。在阿尔拜克有 4 个牲畜养殖场计划扩大规模。选址分析的目的在于从环境和景观的角度，确定这些打算搬迁的牲畜养殖场的潜在选址。

来源：Nellemann，V. 摄（2001）

图 7.22　养殖场新选址的场景，兰德斯湾

图为阿尔拜克 3 个牲畜养殖场的搬迁方案的三维可视化场景。搬迁养殖场选址沿着从阿尔拜克至哈里斯莱乌的公路分布，位于地势较高的农耕平原。绿化带与邻近的侵蚀峡谷之间形成隔离，将养殖场融入景观中，而且还为哈里斯莱乌的学生提供了一个休闲游憩区域。该情景方案是以景观特征描述和选址分析为基础。

来源：Kristensen（2004）：Photocollage. In Nellemann et al.（2004）：*Landbrugsbygninger，landskab og local omraadeplanlægning-metoder til landskabskaraktervurdering og oekonomlvurdering*，p. 70. By–og landsplanserlen no 23. Skov&Landskab. Hoersholm

第 8 章
影响评估及前景分析

引言

　　景观分析包括对过去、现在和未来的思考，这在前面几章已经阐述过多次。其中，有几种类型的分析主要关注的是拟对景观采取的行动可能带来的后果。这些分析有许多不同的说法，在本章中我们称其为影响评估（IA）（Harrop and Nixon，1999）和前景分析（Emmelin，1996）。影响评估通常与一系列特定的术语一起使用，如环境、生态系统、视觉和景观。环境评估（EA）和环境影响评估（EIA）是评估拟开展活动的环境影响最常见的两种方法，这些拟开发活动可能对环境产生严重不利影响，需由国家主管部门进行决策（联合国 1992 年，附件 1《里约环境与发展宣言》第 17 条）。

　　影响评估通常是针对特定项目提案，但政府和规划机构越来越重视对城市化、新技术、市场变化和气候变化等动态因素的大规模、长期环境影响进行分析。这就是所谓的前景分析，相关的分析技术和程序也越来越多，主要通过在一系列不同的假设下探讨环境和景观特征的未来可能情况。在本书中，我们重点关注在景观环境中与选址和项目开发相关的影响评估，并将影响评估视为一种景观分析形式。在这一章，我们强调项目层面的影响评估具有 2 个相互关联的作用——景观和视觉影响评估，以及评估结果对设计的影响。当然，本章我们也引介了前景分析，其作为影响评估的一种补充，主要用于探讨景观的未来情景。

影响评估

　　影响评估存在两个重要的维度。首先，它可以分析拟开发项目（例如一个工程项目或一系列项目）对景观中某给定地点或位置的影响或效果。其次，影响评估的结果还可以影响拟开发项目设计。图 8.2 为影响评估的常规程序。图中展示了拟建项目如何改变场地状态及其与景观的关系，以及通过对项目潜在影响的了解如何反过来影响方案设计。

图 8.1　科什霍尔姆桥
桥梁工程的影响评估涉及诸多方面。这是芬兰最长的一座桥，长 1045m，建于 1997 年。这座桥带来了许多不利影响，包括对水生和陆生自然环境产生影响，还给该地区居民带来噪声和视觉污染问题等。
来源：Primdahl，J. 摄

项目影响的预估和项目设计之间的反馈循环对项目采取的开发方式、场地适应方式至关重要。在参与新建大型项目时，影响评估通常是景观设计师或环境规划师工作的核心内容。理论上讲，前几章讲述的许多现有景观评估和分析方法，也可用于考察项目对场地及其景观环境的影响。

　　正如前文引用联合国的那段话所强调的，影响评估的重点是影响决策。其目的是帮助决策者达成最佳解决方案，防止出现不可预见的不良后果。一旦项目建成，要减少不利影响往往非常困难且成本很高，甚至是无法做到的，这时只能追悔莫及。在过去的 50 年里，影响评估已经发展成为一种独具特色的规划方法。最初，影响评估的提出是为了回应环境保护主义者及一些人对 20 世纪五六十年代经济快速增长所带来的环境后果的担忧。此后，许多国家将其作为一项针对多种项目类型的法律要求（Jay et al.，2007）。1969 年，美国《国家环境政策法案》要求，联邦政府项目需要进行环境影响评估。从 20 世纪 80 年代中期开始，欧洲环境政策也加入了类似的要求（Wood，2003）。如今，其

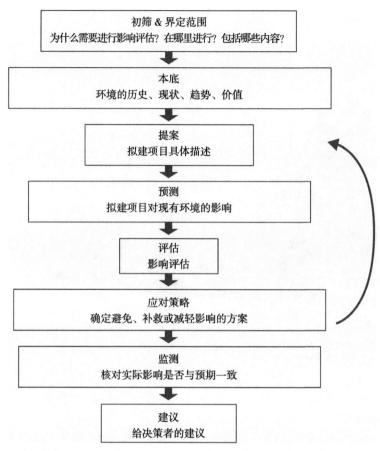

图 8.2 影响评估（IA）常用模型

他许多国家也都有类似的要求，世界银行等国际资助机构也在推动开展多种类型的影响
评估。

传统的影响评估是针对一个具体项目方案来开展的，但通常不同类型和阶段的评估
本身也作为最终方案形成过程的一部分，并在随后的项目运营阶段发挥着作用。例如，
战略影响评估（Tetlow & Hanusch，2012）作为一个"工具库"，用于评估在确定特定项
目之前的公共政策、计划和策划等的影响，以便从一开始就能从环境方面考虑项目的性
质和位置。影响评估也可用于选址分析过程，例如，新西兰《资源管理法》要求项目评
估内容中必须明确列出曾经考虑过的备选方案，其他也有一些类似的做法。另一方面，
还出现了适应性环境评估（Holling，1978），着重关注项目和生态系统的管理，将其视为
随着不断积累的知识和变化的环境来持续适应的过程。

从根本上来说，影响评估可以帮助决策者在所有规划情形中都存在的两种选择之
间作出决定：要么实施所提出的变更，要么不实施。因此，规划部门在审批程序（包括
公开听证会）中会使用影响评估作为支撑信息，这可能会包括考虑如何避免、补救或减

缓不利影响。换句话说，问题就是"在场地中，实施某项开发可能对景观产生哪些影响？如何调整开发项目的设计方案，以减少或避免不必要的影响和效果？"这里"效果"（effect）一词的含义借鉴了新西兰的理解方式。在新西兰，"效果"一词是中性的，因为开发带来的结果可以是积极的"效果"，也可以是消极的"效果"，因此影响评估强调两者的权衡。"影响"（impact）一词也可被理解为积极或消极的，但其通常被赋予了更多的主观价值判断。在 20 世纪 60 年代，影响评估成为环境革命的一部分。

环境影响评估报告

影响或效果评估的成果通常是一份环境影响评估陈述或环境影响评估报告，影响评估的过程本身及其成果（包括声明）必须在内容和程序上符合一定的正式标准。例如，丹麦在规划法中明确规定了环境影响评估应达到的要求（丹麦环境部，2007b）。地方政府必须将需要进行环境影响评估的各类开发的选址和设计准则纳入市政规划中，并对它们的环境影响进行描述和评估。丹麦环境影响评估相关法规规定的景观类项目有：

- 大型污染设施，如发电厂、精炼厂、焚烧厂和制造厂；
- 大型交通运输设备、电力线和风力涡轮机；
- 农业土地利用和大型牲畜养殖设施的较大变动或扩张扩建；
- 在森林保护区内进行造林或采伐；
- 采石场和砾石坑；
- 大型购物中心、酒店、度假村等其他休闲游憩设施。

环境影响评估陈述必须包含拟建项目的设计方案、位置和环境影响等信息，其中环境影响包括对栖息地、环境、文化遗产、人、景观本身和景观游憩可达性的可能影响。此外，它还必须概述减轻环境负面影响的重要措施和可能的行动。丹麦环境部发布了一份手册，是对法律层面要求的技术支撑（丹麦环境部，2002 年）。该手册为环境影响评估各阶段如何处理景观相关问题提供了指导。

将影响评估作为一项法定要求的另一个例子是新西兰的规划法——《资源管理法》。《资源管理法》要求开展环境效果评估（AEE），这是影响评估的一种类型（环境部，2006）。当申请资源许可（即使用资源或开展新活动的许可）时，必须提交评估文件作为支撑材料。对于已开发区域的小型项目，评估文件可能是一份只有两三页的简短评估；但也有可能是一份厚实的、许多专家参与编写的大型基础设施开发报告。AEE 评估过程尤其强调论述避免、补救或减轻不利影响的可能性，同时也看重可能带来的积极效果。

由此，影响评估与项目方案设计得以融为一体（图 8.2）。

景观视觉和美学评估

环境影响评估陈述通常分为若干不同的部分，其中可包含拟建项目的景观影响评估，或关注视觉和风景影响的视觉评估，或美学影响评估（见"腓特烈松高速公路的美学环境影响评估"案例）。这里引出一个问题：景观、视觉和美学评估之间是如何相互关联的呢？

根据对各个国家景观评估定义方式的梳理，景观评估包括从生物物理系统到场地瞬时感官品质等各种环境维度。"视觉"一词从指风景客体的外观特征到个人感知都有。至于美学，我们既可以非常正式地将其定义为形状、格局之类的东西，也可以侧重人与环境的互动，即把美学看作一种体验，而不只是背景环境的品质。不同的定义方式将导致采用的技术甚至程序（如社区协商方式）上的差异。

图 8.3　植被动态演替
由于社会文化因素的影响，景观变化预测一直是个难题。虽然可以推断植被演替过程，但依然无法完全预测自然的变化。如果在完全依赖自然过程、没有管理干预的情况下，丹麦波恩霍尔姆岛的这张照片里前景中的开阔牧场山丘将演变成林地。作为栖息地管理计划一部分，影响评估既要考虑对特定环境或演替阶段的保护，也要考虑管理干预后产生的动态影响。
来源：Stahlschmidt，P. 摄

尽管已经历了 40 余年的研究和调查，景观或视觉评估依然没有一个标准的科学模式（国家公路合作研究项目，2013），研究人员对于如何开展合理有效的评估也存在争论。由于景观专家们采用的评估程序不同，得到的建议也不同，这会让决策者感到沮丧。一些国家已经尝试针对影响评估的组成、阶段或行动制定公认的标准。英国景观学会（2013）提供了一个有用的评估模型，它包括一系列步骤，每一个步骤对应一个问题。这个模型完全符合前文讲的影响评估的一般模式：

- 1. 初筛——是否需要做景观或视觉评估？
- 2. 范围——它应该包括什么？
- 3. 项目描述——项目方案的性质是什么？
- 4. 本底——当前的景观状况如何？
- 5. 评估——项目的预期影响是什么？
- 6. 减缓——如何减缓负面影响？
- 7. 表达——如何沟通结果？与谁沟通？
- 8. 监测——评估是否准确？

景观影响评估技术可包括不同类型的景观分析，特别相关的有价值评估（第 2 章）、空间分析（第 5 章）和选址分析（第 7 章）（Turner，1998）。

最后，正如前文所提到的，战略环境评估（Short et al.，2005）将环境评估用来评估公共政策、区域甚至国家土地使用计划的广泛影响。但本章中，我们重点放在项目层面，强调拟建项目对特定景观的影响评估。这里的特定景观是根据《欧洲景观公约》定义的，是指人们感知到的具有独特特征的一片土地。

主要案例：美学环境影响评估——腓特烈松高速公路

该案例是一条新建干道环境影响评估的一部分。这条路位于哥本哈根指状规划中的腓特烈松 "手指"（图 8.4）。根据指状规划，哥本哈根将沿着城市 "手掌" 延伸开来的 5 根 "手指" 发展，这些 "手指" 以铁路线为中心。本案例中的新建道路是为了连接东部的 3 号环线（于灵厄路的延伸）和西部的腓特烈松镇。当时还没有确定这条路应该是高速公路还是干线公路。景观设计师西恩和韦诺埃为丹麦公路管理局开展了美学评估。可视化分析的备选方案共有 2 个线路，分别是 "景观方案" 和 "城市手指方案"（图 8.4a-图 8.4c）。每条线路的某些路段还有多个选线（Thing，Wainoe；2002）。

美学评估是为了将对景观因素的考虑纳入具体项目方案设计之中，并对备选线路和选线对景观造成的影响及其与景观之间的相互作用进行评估和可视化。此外，美学评估

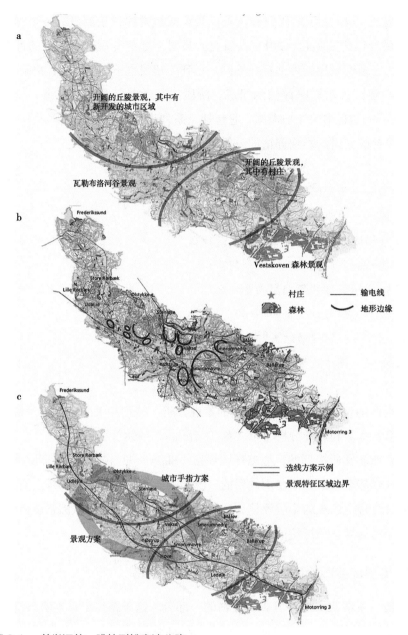

图 8.4a—图 8.4c　美学评估，腓特烈松高速公路

这三张图是哥本哈根西部新建腓特烈松公路环境评估的一部分。

a. 景观特征区域。该路段位于 3 号环线（哥本哈根以西约 20km）腓特烈松镇再往西的方向。评估区域内，各种复杂的地形对土地利用的空间格局、视觉质量影响极大，对于新公路的选址方案也有着重要的影响。美学评估的基础是数字化的地形模型，其中地形最低的区域用绿色表示，地形最高的区域用黄色表示。景观特征区域及其关键特征也标注在了地图上，图纸比例为 1 ∶ 25000。

b. 空间和视觉分析强调了对当前景观特征和道路选线而言十分重要的空间要素。

c. 备选路线。莱多耶和乌德勒之间的路段是最敏感的，因此提出了备选方案。备选方案包括两个：Ledoeje "景观方案"和 Udlejre "城市手指方案"。两个方案中，部分子路段还有多个选择。

来源：Thing and Wainoe（2002）：*Ny hoeiklasset vei i Frederikssundfingeren -VVM-redegoerelse. Aes- tetisk vurdering og visualisering*，pp. 6–8. Danish Road Directorate

还可为制定减缓拟建道路系统造成的景观和视觉负面影响方面的建议提供基础。终极目的是从整体的角度选择最优的路线。

分析人员对该地区进行了景观特征描述，作为美学评估的基础（图 8.4a 和图 8.4b）。接下来，对"景观方案"和"城市手指方案"部分路段的备选路线进行了影响评估，详见霍夫地区地图（图 8.4d—图 8.4g）。

线路美学评估的关键内容是拟建道路系统对现有景观价值及体验的影响，以及周边地区对道路系统的体验感受。

评估的信息来源于景观特征描述，需要利用 GIS 地理信息系统对该地区的生物物理因素（地貌、地形和地表水）和土地利用模式的历史与现状开展空间分析，并结合实地的空间视觉分析、地形断面、航拍图和照片进行。

评估过程中需要将评估区域划分为若干景观同质单元，每个单元都有其独特的景观要素、特定的空间和视觉特征以及审美价值。对这些景观特征进行评估，是为了识别和明确根据道路建设来改造景观的潜力以及产生的问题，同时也将考虑通过调整线路使得道路更好地适应景观的可能性。分析师还制作了一个数字地形模型来直观地展示地形与道路之间的关系。模型中桥梁、土方工程和匝道也做了出来，以使新道路的表现尽可能真实。在此基础上，评估了道路系统的可能视觉影响，并提出了减轻影响的建议，如将道路系统布置在地势较低的位置，根据地形调整路线和土方工程，并种植植被进行遮挡，或清理、保留开阔地带（例如在村庄周围）。

表现技术包括 GIS 制图、数字地形模型、地形断面图和合成照片形式的前后对比图。在可视化表现中，方案融入了现有环境之中。方案表现不仅针对主要方案，还包括需要特别注意的路段的备选路线。可视化表现是以现状景观照片为底，通过计算机合成照片的方式将拟建道路及相关基础设施添加到其中。现状照片是使用倾斜的鸟瞰角度来拍摄的航拍照片，可以展现出很长的一段道路（图 8.4e—图 8.4g），另外还有一些人视点的照片来表现特定区域的道路布局。这与现实生活中的经验相吻合，由于该地区山谷和山丘的组合十分复杂，人们不仅可以从邻近的景观中看到道路，还可以从更高的视点观看。

合成照片呈现出了真实的现有景观，并加入了预想的开发内容。然而，有研究表明，照片视点和角度的选择可以起到强化或削弱拟建项目在景观中的主导作用（Downes，Lange，2015），所以使用合成照片及相关的数字技术来进行表现时，需要特别仔细慎重的考量。视点选择需要兼顾道路景观影响较大的区域和影响小的区域，以达到一种平衡。

这也突出了视觉影响敏感性的问题。现在，绘制拟开发项目的理论可见区域地图已经成为景观和视觉评估中的标准做法（Landscape Institute，2013）。通过可见区域分析，分析人员能够识别出可能看到拟开发项目的区域。这些区域被称为理论上可见，因为它是由地形模型生成的，没有考虑到如树木等较小的、不透明的、季节性的景观元素的遮

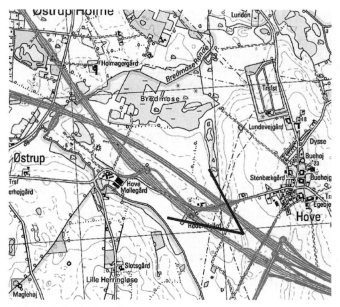

图 8.4d 霍夫地区红色选线方案和绿色选线方案

图中展示了"景观方案"的详细评估过程。在霍夫以南的路段有两条备选路线。该区域拥有脆弱的栖息地和文化遗产，景观价值高，因而具体选线要和景观相适应绝非易事。黑色的视点标注了三张航拍图（图 8.4e– 图 8.4g）的位置和方向。

来源：Thing and Wainoe（2002）：*Ny hoejklasset vej i Frederikssundfingeren -VVM-redegoerelse. Aes- tetisk vurdering og visualisering*，p. 24. Danish Road Directorate

图 8.4e 霍夫地区的现有景观

朝向腓特烈松方向的鸟瞰图。在一片呈现镶嵌格局的冰碛景观中，有机质土壤区域农作物种植区和湿地混杂交错，另外还有其他各种土地用途。图片中央是从霍夫到厄斯楚普的道路。道路的左边是一条人工化程度较高的河流。河流和公路相交于中间的霍夫梅勒加德。

来源：Thing and Wainoe（2002）：*Ny hoejklasset vej i Frederikssundfingeren -VVM- redegoerelse Aestetisk vurdering oq visualisering*，p.25.Danish Road Directorate

图 8.4f 合成照片，红色选线方案

图为红色选线方案的可视化表现。图中新建道路沿着霍夫河穿过起伏的景观，并穿过山谷。画面中央现状道路将通过架桥的方式跨过拟建道路，因此拟建道路需要下沉，移除大量的土壤。

来源：Thing and Wainoe（2002）：*Ny hoejklasset vej i Frederikssundfingeren -VVM- redegoerelse Aestetisk vurdering oq visualisering*，p.24.Danish Road Directorate

图 8.4g 合成照片，绿色选线方案

该方案没有改变河谷和霍夫梅勒加德脆弱的景观（即群落生境和文化遗产）。请留意近处新建道路与原有道路交汇处的垃圾填埋场和路堑，新建道路地势较低，原有道路利用垃圾填埋场地形进行了抬高。

来源：Thing and Wainoe（2002）：*Ny hoejklasset vej i Frederikssundfingeren-VVM-redegoerelse. Aestetisk vurdering og visualisering*，p.25.Danish Road Directorate

挡效果。然后，进一步识别出在视觉或美学上特别敏感的地点。这些地点可能是由于在此处居住、来访或旅行经过的人数多，也可能是由于该视点的特殊价值，例如它是一处遗产地。对于高度敏感的地点，可能需要调整道路路线，以减少影响，或者采取其他缓解措施，例如在道路走廊沿线堆叠地形、围篱或植树。在特别敏感的视点，甚至需要在距离道路较远的地方采取减缓措施。详细的可视度分析见本书图 5.4。

补充分析

呈现变化

影响评估报告通常以文本的形式，还包括一些图表、横截面和平面图。此外，在考虑景观、视觉或美学影响时，通常会进行拟建项目及其影响或效果的可视化分析。可视化的表现形式可以是空间展示、航拍照片、透视图、前后对比图、实体模型及模型照片或数字模型。无论以何种方式呈现，都需要在抽象表现还是现实表现、表现景观内在作用还是外观、呈现事实描述性信息还是解释性内容，可信的表现还是有偏见的表现中作选择。这些选择在第 1 章的"景观分析的本质"中也有讨论过，在影响评估中尤为重要，因为影响评估通常是帮助决策者和非专业人士明晰可能发生的事情，而所表现的内容将影响他们所作的决定。

呈现景观变化的最基本方式是前后对比图。从 18 世纪末汉弗莱·雷普顿的《红皮书》开始（Humphry Repton，1976），它们就被用来展示拟建的景观开发项目，后来也成为影响评估和展示规划方案的一种行之有效的方法。最基础的前后对比图是由一张现状景观图和一张未来景观图组成（见图 3.26 和图 3.27）。另一种略有变化的常见方式是将方案图叠加到现状照片上，在场地现状的图像上叠加处理形成未来开发的效果图。其原理类似于"系列历史地图"中的历史分析法（图 4.8）。

如今，通常采用或复杂或简单的数字模型对拟建项目带来的预计变化进行可视化建模，例如显示理论可见区域的 ZTV 地图（图 5.4）、合成照片（图 8.4）和 GIS 生成的三维可视化模型（图 7.22）。其中的一些模型还可以在参与式的过程中交互使用。无论技术多么复杂，基本问题都是一样的，即对特定干预作出有效反应，并对开发带来的视觉和美学影响进行系统的评估分析（Sheppard et al.，2011）。在一项关于新建风电场的视觉影响评估可视化技术的研究中（Berry et al.，2011），通过网络调查，评估了不同可视化技术在促进公众参与方面的影响和有效性。研究结果显示，与风力涡轮机地形模型、ZTV 理论可视区域地图（图 5.4）和其他各种三维可视化技术（图 8.5）相比，相对简单的合成照片技术在公众用户中排名最高。

在实际情况中，分析人员必须决定如何将复杂的景观简化为可信且有用的表现形式，如何呈现变化的过程，以及在未来尚有诸多不确定或未知的情况下如何为决策者提供清晰的信息。这里如何定义"可信"和"有用"并非易事，因为从开发者的角度与从当地利益相关者的角度认为的"有用"的信息是不相同的。

　　唐斯和兰格（Downes & Lange，2015）将拟建项目的可视化效果图与施工后同一地点的实景照片进行对比，显示了效果图与实景的差异点及差异程度（图 8.6）。这表明对可视化效果图进行仔细确认以确保其准确性，是非常重要的。由于各种原因，可视化效果图可能并不准确。这些原因可能是技术建模问题，甚至是错误或者过于乐观地估计了补救或减缓影响的措施（例如为遮挡开发项目而种植的植物的生长）的预期效果。它也可能是由于有意或无意的视点视角选择减弱了新建建筑的视觉影响，从而歪曲了事实。另一个不准确的地方还可以是忽略了交通或季节等短期性因素对植物遮挡效果的影响。

图 8.5　风电场，埃文斯顿

上图为南威尔士风力涡轮机发电厂区域的地形骨架图，即所谓的线框图。下图是拟建风力涡轮机发电厂的合成照片。在网络调查中，合成照片的排名高于其他视觉技术（包括地形模型）。

来源：Berry et al.（2011）：*Web-based GIS Approaches to Enhance Public Participation in Wind Farm Planning. Transactions in GIS*，15（2），155.copyright ©2011 John Wiley and Sons

影响评估中对可视化模型的有效性验证是专业实践的一个关键性内容，在向决策者报告影响评估结果时往往包括了有效性验证研究。

分析变化

无论使用何种表现方式，基本的分析过程是一样的：先制作项目建设之前的现状表现图，然后准确绘制建设了项目之后的场地表现图。现状和未来的可能情况之间的差异分析需要系统陈述现有景观的属性、项目的属性以及建设后景观属性和项目属性的结合。这里可以采用参数化的方式，即逐个描述不同的属性和发生的变化；或者采用一种更为整体的方式，对总体变化给出一份专家报告。专家们通常会在参数分析的基础上进行系统性的陈述。

分析呈现的方式多种多样。一种综合的表现方式是对方案影响评估的结果进行表示，其中每张图示分别描述了不同的方面。如图8.7所示，这4张图不仅呈现了4个不同的方面，而且在运用叠加技术将它们进行叠加时，它们将形成一张综合的建议图。在这个例子中，

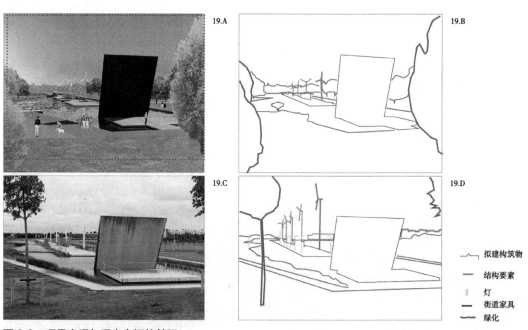

图8.6 项目表现与现实之间的差距

这个例子说明了在爱尔兰都柏林的柯林斯神父公园项目实施后，规划方案中的可视化表现和实际植被状况之间的差异。视觉化表现很重要，因为树木、灌木的生长是一个缓慢的过程，我们很难想象未来的景观。然而，在进行长期预测时，可视化表现必须尽可能的可靠和真实。

来源：Before-and-after images of Fr. *Collins Park*, *Dublin. Visualisation by 'ArArq Ireland/MCO Projects'*, *photography and analytics Melanie Downes*. See also *Downes and Lange*（2015）：*What you see is not always what you get*：*A qualitative*, *comparative analysis of ex ante visualizations with ex post photography of landscape and architectural projects. Landscape and Urban Planning*，142，136–146

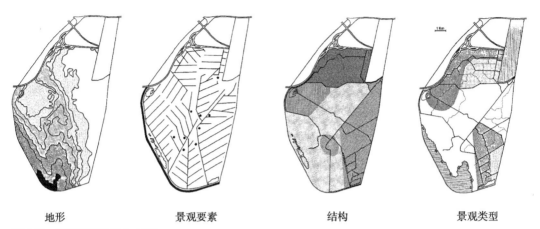

| 地形 | 景观要素 | 结构 | 景观类型 |

图 8.7 游憩规划的各个方面

这四个方面分别采用单独的图层。当重叠在一起就形成了一张综合图。在哥本哈根游憩规划案例中，这些图层被用来评估规划方案的影响，但也可以用来分析现状格局。

来源：Bak（1997）：*Vestamager –et naturomraade i Koebenhavn. Master's thesis. Landskab*, 1（97），18–19

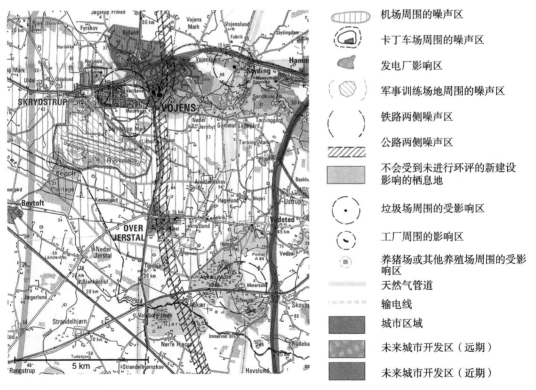

	机场周围的噪声区
	卡丁车场周围的噪声区
	发电厂影响区
	军事训练场地周围的噪声区
	铁路两侧噪声区
	公路两侧噪声区
	不会受到未进行环评的新建设影响的栖息地
	垃圾场周围的受影响区
	工厂周围的影响区
	养猪场或其他养殖场周围的受影响区
	天然气管道
	输电线
	城市区域
	未来城市开发区（远期）
	未来城市开发区（近期）

图 8.8 环境冲突区域规划

日德兰南部某郡部分地区的评估图纸，清晰展示了各种设施的环境影响区以及敏感的土地利用的范围。

来源：Soenderjylland County（1999）：*Kortbilag - Regionplan 1997-2008- Miljoekonflikter*, *map 6.* Aabenra

单因子是以一种非常概括、简单的图示表现形式。在使用 CAD 或 GIS 进行数字分析时，通常会将每个因子概念化为一个可开关的图层。

　　相比之下，在专题形式的图解中，多图层信息是叠加在一幅图上的。图 8.8（见彩插）是一张专题图的局部，展示了对城市区域（红色）和自然区域（绿色）产生的环境影响。为了使叠加图层中的各个图层清晰可辨，需要仔细选择地图符号，而且彩色地图更容易辨认。图 8.8 包含了大量的符号，但仍然清晰易读。在第 7 章选址分析中，图 7.14 所示的综合分类图提供了另一种形式的专题图，但它描绘的是景观现状，而非对未来景观设计的建议。

　　专题图可以依照统一的比例重新出图，通常比综合图更适合用于概括目的。但综合图的优势在于它是各种专题的组合。所以，有时候使用两种技术互为补充更为可取。

　　影响评估的一种比较极端的表现形式是原尺寸模型，即按照 1∶1 的比例制作大型实体模型。这方面的一个例子就是 1996 年哥本哈根的丹麦皇家剧院扩建计划，当时为建筑师斯韦勒·费恩的"剧院鸟"方案做了一个原尺寸模型。考虑到剧院所处位置引人注目，公众关注度高，实体模型是说明新建筑潜在影响的合适方法（图 8.9）。

　　环境因素受到的影响会随着与拟建项目之间的距离不同而变化，分级分区图提供了表达这一现象的方法。图 1.6 用图示化的形式展示了噪声级别的工程技术计算结果，划分了若干分区，且每个区将有一系列不同的噪声防治措施。但是，这一方法也显示出衡

图 8.9　建筑扩建实体模型，丹麦（Mock-up building extension，DK）
实体模型位于哥本哈根的丹麦皇家剧院正面。该模型使得居民对建筑师韦勒·费恩方案中带着翅膀的柱子有了非常直观的印象。这一部分后来被去除了。
来源：Landscape analysis complete pst

量影响等级的复杂性，因为这涉及了人们的经验和感知。在相对简单和真实的地图背后，噪声区域分布的预测和解释实际上都存在潜在的不确定性。具体来说，是否每个用颜色编码的区域都与人在该区域的实际体验相吻合？我们对图上不同类别之间的边界位置有多确信？分类是对现实中不断变化的现象的简化，但是就像其他类型的建模一样，所有的简化都包含了假设。

这个例子说明了基于影响分级（例如高、中、低视觉影响）的分区进行可视化表现时可能出现的问题。尽管在大范围上影响程度区分是合理的、有益的，但确定各区域之间的界限及其在空间中的位置充满了不确定性。当观赏者靠近拟建项目时，视觉影响会在什么时候由中度变为高度？如何准确地测量这种增量变化？因此，在精细的尺度上，将连续变化的现象（如视觉影响）划分为不同影响等级或程度时就会出现问题。尽管存在局限性，在比较各种备选方案的影响时，分级分区图的实际用处非常大。这种方法确实为评估和决策提供了一个明晰的基础。

前景分析和未来发展趋势分析

影响评估总是面向未来的，但通常围绕着一个特定时间的具体方案。然而，正如我们在第 1 章中所指出的，由于更广泛的自然和社会经济因素的影响，景观自身也在发生变化。许多国家正在对影响评估、环境评估方法进行扩展和调整，对未来可能出现的情况进行更广泛的评估，以便为规划决策提供依据。例如，越来越多的人意识到当下和未来的气候变化对景观的影响，促使政府着手分析气候变化和海平面上升对其土地和城市可能产生的影响以及土地和城市的脆弱性，还有它们对降雨、洪水、风暴、温度和干旱的影响。这些分析有助于各机构评估和规划应对气候变化的适应性和缓解措施，例如建立新的海岸保护体系，扩大雨水排放系统，避免城市向低洼地区扩张等。

前景分析是指对大尺度动态变化或政策的驱动因子和影响的分析（Baker & Landers，2004）。这在景观规划中通常被称为未来发展趋势分析（Shearer，2005；Bryan et al.，2011）。该过程的一个重要部分是探索走向未来的不同途径，这可能涉及一个或多个发展预测、情景假设或发展趋势。

预测是基于一套确定的预期关系对变化进行预测。如果当前趋势持续或短或长的一段时间，就可以制定景观的未来变化轨迹。举个例子，"如果政府决定不修之前计划的高速公路支路，而交通量继续以当前的速度增长，那么主干道沿线城镇的主街上社区生活会发生什么变化？"或者，"如果海平面上升 1m，对沿海城市的滨海社区有什么影响？"再或者，"如果年降雨量减少 20%，该地区的农业景观会变成怎样？"这些预测大部分是技术分析，通过使用过去和现在的数据来预测未来的变化轨迹，但也可以用景观或视觉形式来表示，比如制作预计会被淹没的地区的地图或可视化模型。

然而，未来究竟会如何发展常常是不确定的。情景分析对于影响未来发展的条件或决策的假设更为开放，包括了目前的发展趋势以及公共机构和个人的具体干预措施。景观情景假设为评估景观和环境规划多方案提供了一个有用的工具，并且时常会结合公众参与（Tress & Tress，2003）。情景假设经常用"如果……会怎样？"的语句来表达，例如"如果我们通过加强灌溉来解决干旱问题会怎么样？""如果政府采取强制措施来减少温室气体排放会怎么样？"以及"如果政府采取最少的行动会怎么样？"

未来发展趋势是用来说明不同的预测或情景设想下未来的情况（Shearer，2005）。如果假设海平面预测将上升0.8m，并且在没有采取任何改善或缓解措施的情景设想（无为情景方案）下，50年后滨海社区会是什么样子？如果在政府投资修建新的海堤的情景设想下（保护情景方案），滨海社区又会成什么样子？如果将最危险的社区转移到地势更高的地方（撤退情景方案）又会怎么样？值得注意的是，在现实世界中，什么都不做并不会保持现状不变；它仍然会引起变化，因为景观在发生变化。什么都不做意味着我们接受任何发生的事情，并且不试图改变我们的应对方式。

在以下关于未来发展趋势分析的例子中，使用了或简单或复杂的景观建模和可视化技术。两种情况的目的都是帮助社区及他们的决策者理解并适应其景观中已经在发生的变化，同时也帮助他们评估不同的可能应对措施（包括什么都不做）。

案例A：奥普达尔未来发展趋势分析

第一个关于景观未来变化的案例是挪威奥普达尔市的旅游发展规划情景分析。该案例使用了传统的表现技术来比较两种未来的情景和现状。在图8.10中，最上面的那张图用手绘展示了奥普达尔市沃斯里村的现状。奥普达尔教堂位于一个开敞的景观区域的中心。高山滑雪道和滑雪缆车主要位于农田上方的森林斑块内。现状可与两种未来情景分别进行比较，每种未来情景将基于不同的村庄扩建方式进行预测。

图8.10中间的这幅图展示了如果实施第一个获批的发展规划后（1991—2002）景观将呈现出的样子。在实践中，由于影响评估中美学方面的担忧，这一规划被放弃了。在随后的市政规划（1995—2006）中，考虑到经济方面的问题和前期投资，政府批准了新的开发项目，并要求朝南的新建筑（位置最低区域的建筑）必须低矮且被植被掩盖。最下面一张图片显示了减少开发后未来的景观效果。这一方案从1991年开始被纳入市政规划中。但是，在1995年的市政规划中这一方案又被废除了。事实上，政府开发建设了更多的房屋。这也更加表明，未来发展趋势分析只能假设各种情景以及它们可能导致的情形，但它们并不是实际的规划或蓝图。

本案例中使用的表现技术类似于景观分析中的前后对比图分析过程（图3.26和

图 8.10　不同发展规划的影响，奥普达尔

最上面的图是现状；中间的图片展示了如果第一个方案得以实施，景观格局将会是什么样子；最下面的图片展示了规划修改后的结果。之后，奥普达尔市政府批准开发的项目超过了最下面的图中所示的范围。这些图纸来自1991 年 Moen 和 Feste 编写的，由奥普达尔市政府发布的《文化景观分析》。

来源：Braataa（1998）：Jordbrukets kulturlandskap i kommunal arealplanlegging. In *Jordbrukets Kulturlandskap.Forvaltning av miljoeverdier*，p.227. Universitetsforlaget，Oslo

图 3.27）。通过未来情景分析，分析人员对可能发生的事情的解读传达给读者的印象，比起具体方案的透视图起着更大的作用，因为未来的发展有很多的不确定性。此外，在对城市开发项目进行前后对比评估时，读者会意识到重点是在新建项目上。相比之下，未来情景分析更为完整地展示了景观的未来，读者可以根据自己的偏好来进行解读。对情景假设的阐述不可避免地存在更多解释的空间，因此最好将其视为讨论的提示信息，而不是对未来的精确预测。现状透视图可以直接在现场获取，或者根据照片来绘制。接下来备选方案的效果图必须以数据集合、模型和政策方案为基础。

案例 B：威拉梅特谷未来发展趋势分析

针对未来发展趋势的模拟和评估，已经越来越多地应用于大尺度景观的变化分析中（例如，在一个地区甚至区域层面），并帮助社区决定如何适应城市化、气候变化等长期的渐进式变化。它们还应用于测试不同的政策方案。在次区域或汇水区层面的演化模拟是非常复杂的。它会涉及大量的影响因素，并且专家和社区所扮演的角色在不同的分析案例中也有所不同。

美国俄勒冈州的威拉梅特谷项目是最具国际影响力和成功的未来发展趋势分析案例之一（Baker & Landers，2004；Baker et al.，2004）。威拉梅特谷是美国俄勒冈州波特兰市南部的一个规模大、资源丰富的集水区。该河流系统是需要保护的重要资源，但同时也存在着不断增长的经济和住房开发需求。该案例研究了管理威拉梅特河流系统部分地区的不同政策途径，并将"照常管理"的方案与其他方案（如加大开发和加强保护）进行比较。该案例涉及广泛的科学研究、公众咨询和专家分析，利用了景观制图和可视化技术来研究不同情景假设带来的影响，并向广大社区展示。这个案例还有一个特别之处，他们邀请了社区对预测的模型进行评论。因此科学研究融入了地方性知识，得以不断接近真实情况。

这个项目有很多重要的合作伙伴，美国联邦环境保护局为分析提供了重要的科学支撑，还有一些大学提供了建模和社区参与方面的专业知识。该项目持续了十多年，项目的成果之一是为该汇水流域制定了新的保护政策。图 8.11 显示了一条名为穆迪溪的支流未来景观的不同情景，每一张图都取决于不同的政策方案。景观的数字表现与奥普达尔案例中手绘草图起到一样的交流作用，但这里的数字表现是基于更为广泛的科学知识进行的建模，因此它们涉及了许多不同的学科。

城市化和气候变化等景观演变动力极可能会对各个国家的社区产生越来越大的影响。在这种情况下，对景观变化及其影响进行建模和表现，试探不同政策选择对未来景观变化趋势的影响，将成为景观设计实践中越来越重要的环节。

欧洲殖民前的美国（PESVEG），约 1851 年

土地利用／土地覆盖（LULC），约 1990 年

照常管理，2050 年

加大开发，2050 年

加强保护，2050 年

图 8.11 未来景观变化趋势，威拉梅特谷

不同发展情景下的未来景观可视化分析。

来源：Hulse，Gregory and Baker（2002）：Alternative Futures for Muddy Creek，Oregon. *Willanmette River Basin Planning Atlas Trajectories of Environmental Change*. Used with permission of Oregon State University Press

第9章
景观分析研究实践

引言

前几章中分享的技术和案例提供了一系列景观分析的方法，这些方法支撑了风景园林专业实践。我们已经确定了两种类型的分析：现状分析——旨在理解当前的景观、要素、形象和功能；行为导向分析——以景观变化的具体建议为指导。这些案例涵盖了从城市到乡村的不同对象，从场地、景观、到区域的不同尺度，以及各种类型的决策，包括公共政策制定、地方空间规划、选线和选址、项目开发和方案影响评估等。

在各种不同的景观分析应用中有几个共同的特征。首先，景观分析是理解景观曾经如何变化，正在如何变化，将来可能如何变化或应该如何变化，这样的变化是不同因素和具体建议所驱动和影响的结果。其次，景观分析为决策创造了新的认知——进行分析是因为我们需要对变化的情况有更多的了解，以便为未来作出良好的选择。再次，景观分析关注景观对人和社区的价值，及其受到变化的影响。最后，这里所描述的景观分析在很大程度上已发展为一项专业活动，由景观评估专家进行，并通过专业报告进行交流。

在最后一章中，我们将探讨景观分析的三个当代发展，它们回应了这些共同特征，并在某些方面对它们提出挑战。我们首先要思考的是，对于在不断变化的景观中生活和运转的社区，景观分析如何才能更易理解且更加公开，特别是在新兴的景观民主理念的背景下，景观分析如何才能适应更加开放的景观决策过程。其次，我们如何改进正在运用的分析方法，并且意识到随着越来越多的研究开始依托分析的过程和方法，分析本身已经成为科学研究的核心。最后，我们需要反过来思考，如何才能运用专业景观分析创造的知识在理解景观价值、洞察景观变化和制定景观决策等重要的学科研究和实践过程中作出更大贡献。

景观分析和景观民主

奥尔维格（Olwig，1996，2005）展示了景观作为北欧环境资源空间管理的一种方法。景观最早被记录的概念内涵与一套当地制定和执行的景观管理规则有关，我们现在称之为民间法或习俗法。因此，从一开始，景观知识便是自下而上集体创造的。然而，随着独立国家的出现，景观的概念变成了一种综合的自上而下视角，一种通过特殊的法律形式推行的监督土地和社区的方式。科斯格罗夫（Cosgrove，1984）认为，这种景观概括性的视角及其通过透视绘画和绘画的视觉表达，对现代资本主义的出现起到了重要的象征作用。基于此，作为一种"看的方式"的景观历史和当代批判，因此应该包含在对特定生物物理景观发展的研究中。然而，当以这种方式解读时，景观被一些学者视为一个割裂土地和社会的有问题的概念，加剧了社会内部和帝国之间的权力失衡（e. g. Barrell，1983；Pough，1990；Mitchell，1992）。

近几十年来出现了一种相反的观点，它借鉴了景观的早期含义，主张将景观作为一种地方性、直接体验和集体创造的现象进行在地的理解（Olwig，1996）。《欧洲景观公约》体现了这两种观点之间的矛盾。一方面，它是独立国家之间的公约，范围包括整个欧洲，因此是自上而下发起的。另一方面，ELC 的实施方式却在寻求赋予社区权力，要求将教育和参与作为基本活动。埃戈斯等人（Egoz et al.，2011）扩展了这一方法，并在《世界人权》框架内重新构建了识别人与景观关系必要性的路径，认为景观中存在一项基本的"权利"，就是与景观的直接接触和对其未来的决策。景观自上而下和自下而上维度之间的矛盾突出了景观分析和评价中主要管理者、社区和专家的各自角色问题，这在第 1 章和第 2 章中讨论过。

景观决策是在不同的背景下基于不同的角度制定的，芬恩·阿勒（Finn Arler，2008）提出了不同类型决策的概念模型（图 9.1）。首先，私人土地所有者会根据他们不同的价值取向、经济资源条件和实际需要来作出管理土地的决定。而对于乡村景观而言，这类决策主要由农民作出，而景观决策主要基于私有财产管理，阿勒（2008）称之为"自我决定论"。这些决定与农民（和家庭）的动机和偏好有关。农民既是生产者又是财产所有者，他们如何管理农场这一问题在第 1 章中有阐述。当然财产价值是私人土地所有者作出决定的一个重要因素——包括使用价值和市场价值——这反映了其他人看待这块土地的价值。

其次，景观也受到集体行动的影响，如阿勒所说的"共同决定论"。当城市居民区或农村居民合作维护当地景观（当地运动场、树丛、乡村绿地、社区森林、公共池塘等）时，其动机与公共利益及由当地居民集体提供的服务相关。在这样的地方性社区中（第 2 章），每个参与者都将自己视为公民，在所有者和使用者之间以及个人和社区之间的不断互动

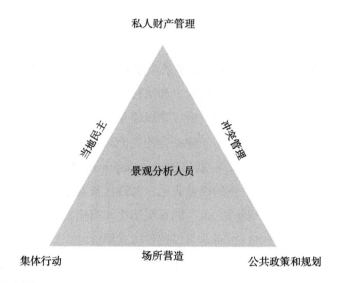

图9.1 景观民主概念框架
三个在景观变化中相互作用的主要因素。三者在实践中的相互作用的灵感可能来自阿勒（2008）的"景观民主"思想。

中，一种具有地方民主的社区环境逐渐形成（图9.1）。

　　景观管理的第三个因素是在从国际到国家，再到地方的各个政治行政级别所推行的公共政策和规划。在景观价值方面，这些公共机构以不同的方式和意义代表公共利益，因为这涉及公共资源的保护，例如：清洁饮用水、土壤保护和生物多样性；文化遗产特征或重要景观的管理等，以及发展功能完善、有吸引力的城乡地区。

　　为了发挥效力，公共利益需要通过政策和规划两种不同的途径实现，如图9.1所示，即通过冲突管理和场所营造两种方式（Healy，1998）。管理私人利益与公共利益之间的冲突（例如，土地使用冲突）主要是通过土地使用监管措施和规划方法来实现，如划定范围和分区。场所营造一部分是依靠总体空间策略和规划完成的，而另一部分依靠具体的场地设计项目。然而，冲突管理的组织涉及一系列的行政和法律流程，如提交文件、正式听证会、谈判，合同和合伙协议等，而场所营造的组织流程则包括社区会议和辩论，结构化的策略制定过程以及更具针对性的研讨会。

　　总体而言，这三种类型主体之间的交互方式可以称为"景观民主"（Arler，2008），第2章中描述的卡尔比方案就是涉及这方面的景观规划过程的案例。图9.1是主要关系的示意图。当然，个体可以建设性地参与场所营造过程，当地社区为解决问题也可能与政府产生分歧。但是，对于景观分析人员来说，在景观民主的背景下定位任务的性质非常重要。如果任务主要是提供必要的信息以减缓在项目开发中视觉影响、个人偏好和适宜选址之间的土地利用矛盾（图5.4），分析则应为矛盾的各方提供信息。如果任务更多地与场所营造相关（图 3.15 和图 3.16），那么景观分析内容必须和规划设计的过程紧密衔接。

在实际工作中，景观分析人员总是在与各方人员一起合作，而这些对象往往又彼此联系。这时分析人员可以用图 9.1 中有关景观民主的示意，来使自己适应在不同任务中所扮演的一系列角色。

提升景观分析——研究过程，方法和技术

作为一项专业技能，景观分析正在不断地完善和改进，多年来，有许多经验丰富的景观设计师和规划师在他们的过程、方法和技术方面为其他人提供指导。苏格兰景观规划师帕特里克·格迪斯（Patrick Geddes）在他的区域分析方法中提供了一个早期的例子。他制定了调查、分析和综合的三阶段流程，此流程已被广泛使用，而且开发了一种称为"山谷截面"（Thompson，2006）的专门技术，以显示景观中自然和文化因素之间的关系。

佐佐木英夫（Hideo Sasaki，1950）将这一流程重新阐释为哈佛大学设计系学生的教学方法，在该方法中，设计的第一阶段变成了"研究"，以"理解所有要考虑的因素"，然后进行"分析"，以"建立所有因素的理想操作关系"，最后综合为空间解决方案。伊恩·麦克哈格（Ian McHarg，1967，1969）基于特定景观的形成状态，未来最合理的利用方式以及这些潜在利用方式之间如何相互关联等专项分析，将其"生态学"方法推广成为一套系统的过程。这些早期案例均提供了一种"模型"方法来理解景观和景观变化，而分析是其中的基础。

第 8 章环境评估要求的引言部分提出了要比较和评估不同的方法，以便建立最有效且合乎情理的分析景观变化及其结果的方法。例如，在 1982 年，祖贝（Zube）、瑟尔（Sell）和泰勒（Taylor）对研究景观感知的方法进行了分类，之后丹尼尔和瓦伊宁（Daniel & Vining，1983）使用几种标准比较了不同的方法。随后的著作完善并评估了景观分析中更多的分析方法和技术。景观分析和评价现已成为学科核心知识的一部分（Deming & Swaffield，2011），并成为专业杂志上各种研究的重点（Vicenzotti et al.，2016）。

最近的例子是特威特（Tveit）等人的工作（2006），他们分析了大量有关视觉景观质量评估的研究，总结了分析中抽象的不同层次（表 9.1）。而后用类似方法来阐明一系列常用概念（例如管理工作）的含义，并说明如何在操作层面对其分析和评估。现在，专业的景观设计师通过研究获得了迅速增长的知识体系，这些知识反过来又可以指导和改进景观分析实践。这使得景观分析已经成为研究的一部分，并且分析结果对研究起到重

要的支撑作用。

分析层次：分析可以分为从抽象到具体的不同层次   表 9.1

抽象级别	分析工具
高度抽象	概念
	尺度
	属性
具体	指标

来源：表中的级别引自 Tveit et al.（2006）：Key concepts in a framework for analysing visual landscape character. *Landscape Research*，31（3），229-255

研究性景观分析

戴明和斯瓦菲尔德（Deming & Swaffield，2011）总结了景观设计中使用的四种不同类型的知识：隐性知识、概念性知识、操作性知识和系统性知识（表 9.2）。

实践中用到的知识类型   表 9.2

隐性知识	概念性知识
操作性知识	系统性知识

来源：根据 Deming and Swaffield（2011），incorporating concepts from Nonaka and Takeuchi（1995）

"隐性"知识包含在每个景观设计师的日常实践中，也就是他们各自的技能，很多景观分析就是基于这种技能进行的。但是，除非通过专业沟通和表达，否则这些技能其他人无法触及，也无法验证。操作性知识是指将这种隐性知识写成实用的"操作"指南，例如，作为最佳实践、专业指南，或在诸如本书这样的教材中的示例。概念性知识是专业思想，这些思想有助于对专业的理解和实践的深入并激发灵感。正如本书中所包含的一些概念性知识，旨在帮助您构建对分析的理解。

第四类知识是系统性知识，它是通过研究产生的。系统性知识一般在期刊和其他媒体上发表，这些期刊和媒体遵循严格的学术水平和相关性评估和审查协议。系统知识更多是学科层面的贡献，而不是职（专）业层面，因为实践从业人员一般很少会非常自在地接受和参与研究过程和方案。然而，系统知识在专业实践中的作用越来越大，一方面是景观设计师与其他学科的专业人员和科学家越来越频繁地互动，另一方面是面临必须证明我们向客户和规划机构提供的建议具有学术基础。我们在本书中列出了一些系统知识的参考资料和来源，但没有特别强调它的用途或如何形成此知识。但是景观分析既可以从系统知识中受益（如上所述），也可以为其创建作出贡献。

戴明和斯瓦菲尔德对不同类型的景观研究进行了基本分类，这表明景观分析具有多种潜在方式，能有助于知识形成。他们的分类确定了九种广泛的类型。其中，至少有六种涉及景观分析（表 9.3）。

分析作为景观研究的一部分：景观研究策略的分类，其中加粗的是涉及景观分析的类别　　　表 9.3

描述	建模	实验
分类	解释	评价与判断
行动研究	设计	逻辑系统

来源：Developed from Deming and Swaffield（2011）Table 1.1

描述：本书中的大部分内容已演示了以系统方式描述景观中自然和人为因素的技术，戴明和斯瓦菲尔德的文章包括了以下研究性的描述：例如在公园中绘制使用者地图，列出并绘制景观季节性变化的视觉属性以及记录区域和城市林地类型。所有这些都可以作为景观分析的一部分，从而说明景观分析还可以是创建有用的系统知识的途径。描述性技术的其他示例详见后文。

建模：景观属性（包含生物物理属性和人类活动属性）的测量可以作为创建景观内部关系的统计模型（例如对不同类型景观的偏好）或景观变化的动态空间模型的基础。因此，为特定分析任务提供信息的模型有助于工作者更广泛地积累有关景观功能和动态的知识。建立模型是一项复杂的技术性工作，但分析师越来越多地在工作中使用数字可视化或地理信息系统，从而培养出可用于研究的技能。

分类：第 6 章和第 7 章展示了使用不同的分析技术将景观划分为不同类型的方法，这些也是在该学科中广泛使用的基本研究策略。在一些经典的分析技术中，如林奇的城市结构类型学，最初的分类是基于对人们对城市感知的系统分析，将这种方法应用到新的地点可以创造出有用的新知识，这些知识的价值超出了特定的分析任务。在英国，景观特征评估现已在英格兰、威尔士和苏格兰建立了一个累积的知识库，欧洲许多国家也在推广类似的程序。因此，为实施 ELC 而进行的分析实际上是在建立欧洲景观的系统性知识，而它是一种集体创建的资源。

解释：解释性研究，如深入访谈、文件分析或图像解读，都可以建立对特定景观和更广泛相关关系的解析。例如，戴明和斯瓦菲尔德在英国进行了一个基于生活史的解释性研究（Bohnet et al., 2003），研究人员采访了当地的主要知情人，构建了一个故事，讲述了他们如何在一段时间内管理某处景观。他们发现，对新人来说，古老而久远的家庭受到不同价值观的引导，这对当代景观的管理及景观变化轨迹具有重要意义。类似的调查作为专业景观分析的一部分，如果以适当的方式记录和讲述，可以提供有价值的新知识。

评价与诊断：这是使用最广泛的专业活动之一，它也可以创造新知识。戴明和斯瓦菲尔德认为评估和诊断是一项重要的研究策略，最近发表的论著表明，评估和诊断的重要性正在日益提高（Vicenzotti et al.，2016）。评估和诊断需要基于政策或科学建立标准来评价景观。它可能是面临威胁的景观，或者是正在发生快速变化的景观，或者是价值很高的景观。作为一项专业活动，这种景观分析研究方法的关键特征是，评估依据必须明确并且紧密贴合环境。在这种情况下，对景观环境的分析可以为研究做出贡献。

行动研究："行动研究"一词在不同的情况下使用，很难精确定义。启动行动研究过程的一般问题通常是"如何改善这种情况？"（Reason & Bradbury，2008，p.11）。行动研究包括支持具体行动并从过程和结果中学习。因此，行动研究代表了一种将景观研究与规划实践联系起来的方法。图 9.1 中所示的景观民主框架源于行动研究项目，例如第 2 章中描述的卡尔比，第 6 章中描述的斯凯夫市景观区域化过程的一部分也是如此（图 6.6—图 6.9）。在此类项目中，研究人员、景观规划师、社区和土地所有者共同调查问题或了解有关景观的更多信息。行动研究是基于这样的假设，即社区居民具有进行景观分析的知识和技能，这些知识和技能对形成可靠的理解至关重要，而且在形成解决方案中尤其重要。因此，研究人员需要与社区和其他主体建立伙伴关系，进行调查并从中学习。根据凯米斯和麦克塔格特（Kemmis & Mctaggert，2005，p.563）的说法，当这种方法运行良好时，"参与式行动研究是协作学习的社会过程，由一群人共同实现，他们共同改变着共享社会世界中的互动方式，无论好坏，我们都生活在彼此行动的结果中。"这样的过程与许多景观规划任务（包括景观分析任务）高度相关。

行动研究以及所描述的所有不同策略中的一项关键特征是，调查过程必须充分记录和准确描述，以便读取结果的人们可以了解得出结论的方法，必要时可以重复研究过程或由其他人进行检查。在某些景观分析程序（例如特征评估）中，过程的透明性也是该技术的一个特征，通常该程序被编入操作指南中（例如，英国乡村特征评估模型）。透明性问题突出了这样一个观点，即为了使分析能够更广泛地为学科贡献新知识，分析过程必须公开，调查结果的记录应公开且可访问。

该研究方法的第二个特征是它引入同行评审，即方法和结果在发表之前都由其他专家独立评审。许多专业机构对其分析结果进行同行评审，特别是当研究结果将用于公共规划听证会，或决策将涉及大量资金投入时，一些客户现在要求这样做。因此，这是专业景观分析与研究融合的另一种方式，如果过程合适，可以产生研究成果。

由盖尔建筑师事务所进行的一系列关于人类对公共空间的使用和体验的调查（Gehl & Svarre，2013）是一个非常经典的案例，该研究使人们对城市的整体运作方式有了更系统的了解。这项研究始于 20 世纪 60 年代，当时凯文·林奇发表城市意向的著作，而简·雅各布斯（Jane Jacobs，1961）则关注城市街头生活和行为的重要性。扬·盖尔和英格丽·盖尔（Ingrid Gehl）开始研究人们如何使用意大利的公共广场和公共空间。而扬·盖尔将视野转到了解人们如何使用哥本哈根新建成的步行街"斯特罗盖特"（Stroeget）。在接下来的 50 年中，盖尔和他的学生以及盖尔建筑师事务所的实践项目应用了一系列技术来观察、记录和衡量城市街道生活的本质，以及什么样的位置和什么类型的地方吸引人们（Gehl & Svarre，2013）。这些技术包括对行人进行简单计数，绘制人们聚集的地点，追踪他们的运动以及记录他们的路线。他们使用照片，记录调研日志，进行测试行走，并寻找人们活动之后留下的痕迹，例如草丛中的破旧小路。

这些研究分析所使用的技术，任何学生和专业景观设计师都可以掌握，但凸显其研究价值的，其实是收集数据的系统方法及其分析过程和结果的发表。研究城市空间已经成为盖尔建筑师事务所设计实践的一个基本内容，其随后出版的书籍和文章阐述了设计类的分析可以创造新的共享知识，成为专业实践的一部分。

结论

社会、客户和政府要求更高水准的实践和更加明确的建议和建言，因此研究性正成为越来越多设计和景观实践的特征。实践和从业者从各自的需求和目标出发，开始相关的探索，但当中存在无数可能性。就像在盖尔建筑师事务所的例子中，研究先是为设计提供了依据，但随着时间的推移，它也逐渐成为设计实践的重要特征之一。

然而更重要的是，通过植入一种探究的专业文化，树立知识创造助力专业实践的价值观。本书中的许多部分都是提问的方式总结了分析的阶段或类型，主要的分析人员如卡尔·斯坦尼兹也是通过提出问题来构建他们的分析过程。基于探究的分析是确保景观分析过程具有相关性、有效性和关键意义的最佳方法，这一方法适用于包括专家和学生在内的所有分析员。

参考文献

Alexander, C., Ishikawa, S., Silverstein, M., Jacobson, M., Fiksdahl-King, I., & Angel, S. (1977). *A pattern language*. New York: Oxford University Press.

Andrews, J.N.L. (1979). Landscape preference and public policy. In G.H. Elsner & R.C. Smardon (Eds.), *Our national landscape: proceedings of a conference on applied techniques for analysis and management of the visual resource*. Berkeley, California: Pacific Southwest Forest and Range Experiment Station, USDA Forest service. General Technical Report PSW-35.

Antrop, M. (2000). Background concepts for integrated landscape analysis. *Agriculture, Ecosystems & Environment*, 77 (1), 17–28.

Appleton, J. (1996). *The experience of landscape*. Chichester: Wiley.

Arler, F. (2008). A true landscape democracy. In S. Arntzen & E. Brady (Eds.), *Humans in the land: the ethics and aesthetics of the cultural landscape* (pp. 75–99). Oslo: Unipub.

Arnstein, S.R. (1969). A ladder of citizen participation. *Journal of the American Institute of Planners*, 35 (4), 216–224.

Bak, K.M. (1997). Vestamager – et naturomraade i Koebenhavn. *Landskab* (1), 18–19.

Baker, A.R.H. (2003). *Geography and history – bridging the divide*. Cambridge: Cambridge University Press.

Baker, J.P., Hulse, D.W., Gregory, S.V., White, D., Van Sickle, J., Berger, P.A., Dole, D., & Schumaker, N. (2004). Alternative futures for the Willamette River Basin, Oregon. *Ecological Applications*, 14 (2), 313–324.

Baker, J.P., & Landes, D.H. (2008). Alternative Futures Analysis for the Willamette River Basin Oregon. *Ecological Applications* 14 (2), 311–312.

Banerjee, T. & Southworth, M. (Eds.) (1990). *City Sense and City Design. Writings and Projects of Kevin Lynch*. Cambridge, Massachusetts: MIT Press.

Barrell, J. (1983). *The dark side of landscape: The rural poor in English painting 1730–1840*. Cambridge: Cambridge University Press.

Berry, R., Higgs, G., Fry, R. and Langford, M. (2011). Web-based GIS Approaches to Enhance Public Participation in Wind Farm Planning. *Transactions in GIS* 15 (2), 147–172.

Bohnet, I., Potter, C., & Simmons, E. (2003). Landscape change in the multifunctional countryside: a biographical analysis of farmer decision making in the English High Weald. *Landscape Research*, 28 (4), 349–364.

Braataa, H.O. (1998). Jordbrukets kulturlandskap i kommunal arealplanlegging. In E. Framstad & I.B. Lid (Eds.), *Jordbrukets kulturlandskap. Forvaltning av miljoeverdier* (pp. 223–232). Oslo: Universitetsforlaget.

Brandt, K. (1998). *Aalborg – en by ved fjorden*. Section for Landscape, Department of Economics, Forest & Landscape, Royal Danish Veterinary and Agricultural University. Master's thesis. Unpublished.

Breuning-Madsen, H. (1992). Den danske jordklassicicering. *Geologisk Nyt*, 2 (92), 15–17.

Bryan, B.A., Crossman, N.D., King, D., & Meyer, W.S. (2011). Landscape futures analysis: assessing the impacts of environmental targets under alternative spatial policy options and future scenarios. *Environmental Modelling & Software*, 26 (1), 83–91.

Butler, A. (2016). Dynamics of integrating landscape values in landscape character assessment: the hidden dominance of the objective outsider. *Landscape Research*, 41 (2), 239–252.

Buttimer, A., (Ed.) (2001). *Sustainable Landscapes and Lifeways. Scale and Appropriateness.* Cork: Cork University Press.

Caspersen, O.H. (2009). Public participation in strengthening cultural heritage: the role of landscape character assessment in Denmark. *Danish Journal of Geography* 109 (1), 33–45.

Caspersen, O.H. & Nellemann, V. (2004). *Landskabsanalyse – pilotprojekt Nationalparken Mols Bjerge*. Forest & Landscape.

Caspersen, O.H. & Nellemann, V. (2009). Landscape character assessment as an instrument for reform: the experience of Danish municipalities. In I. Sarlöv-Herlin (Ed.), *ECLAS Alnarp 2008: new landscapes – new lives: new challenges in landscape planning, design and management* (pp. 109–115). Alnarp: Faculty of Landscape Planning, Horticulture and Agricultural Science, Swedish University of Agricultural Sciences.

Claval, P. (1998). *An introduction to regional geography*. Oxford: Blackwell Publishers.

Copenhagen Regional Council (1982). *Forslag til udpegning af fredningsinteresseomraader. Planlaegningsdokument PD354*. Copenhagen.

Corner, J., (Ed.) (1999*) Recovering Landscape*. Princeton NJ; Princeton University Press.

Cosgrove, D. (1984). *Social formation and symbolic landscape*. London: Croom Helm.

Council of Europe (2000). *European landscape convention and explanatory report*. Strasbourg: The General Directorate of Education, Culture, Sport and Youth, and Environment.

Cullen, G. (1961). *The concise townscape*. (1985 ed.) London: The Architectural Press.

Dam, P. & Jakobsen, J.G.G. (2008). *Historisk-geografisk atlas*. Royal Danish Geographical Society and Geografforlaget.

Daniel, T.C. & Vining, J. (1983). Methodological issues in the assessment of landscape quality. In I. Altman & J.F. Wohlwill (Eds.), *Behavior and the natural environment* (pp. 39–84). Springer US.

Danish Ministry of Environment (1982). *Vejledning i fredningsplanlaegning nr. 2*. Copenhagen.

Danish Ministry of Environment (1983). *Fredningsplanlaegning og kulturlandskab*. Copenhagen.

Danish Ministry of Environment (1992). *Byens Traek. Om by – og bygningsbevaringssystemet SAVE*. Copenhagen.

Danish Ministry of Environment (1993a). *Kommuneatlas Nysted*.

Danish Ministry of Environment (1993b). *Kommuneatlas Holbaek*.

Danish Ministry of Environment (1993c). *Kommuneatlas Middelfart*.

Danish Ministry of Environment (1994). *Kommuneatlas Nyborg*.

Danish Ministry of Environment (1997). *Kommuneatlas Skanderborg*.

Danish Ministry of Environment (2002). *Haandbog: Landskab og kulturmiljoe – Miljoekonsekvensvurderinger i det aabne land (kap 8).*

Danish Ministry of Environment (2007a). *Vejledning om landskabet i kommuneplanlaegningen.*

Danish Ministry of Environment. (2007b). Bekendtgoerelse af lov om planlaegning nr. 813 af 21. juni 2007.

Danish Ministry of Environment (2011). *Endelig udpegning af risikoomraader for oversvoemmelse fra vandloeb, soeer, havet og fjorde. EU's oversvoemmelses direktiv (2007/60/ EF). Plantrin 1, Appendix A: Risk area Holstebro.*

Danish Ministry of Environment (2013). *Kommunernes arbejde med landskabskaraktermetoden, status 2013.*

Danish Nature Agency and Larsen J.B. (2005). *Katalog over skovudviklingstyper i Danmark.* Report. Danish Nature Agency, Copenhagen.

Dansk Landbrugsraadgivning, Landscentret (2008): Visualisation. In Stahlschmidt & Nellemann (2009), p. 86. Copenhagen: Forlaget Groent Miljoe.

Davoudi, S. and Strange, I. (Ed.) (2009). *Conceptions of space and place in strategic spatial planning.* Oxon: Routledge.

Defoe, D. (1719). *Robinson Crusoe.* (2007 ed.) New York: Oxford University Press.

Deming, M.E. & Swaffield, S. (2011). *Landscape architectural research: inquiry, strategy, design.* Hoboken, New Jersey: John Wiley and Sons.

Di Gregorio, A. & Jansen, L.J.M. (2000). *Land Cover Classification System (LCCS): classification concepts and user manual.* Rome: UN Food and Agriculture Organization, 179, Section 1.

Dietz, T., Fitzgerald, A., & Shwom, R. (2005). Environmental values. *Annual Review of Environment & Resources,* 30 (1), 335–372.

Downes, M. & Lange, E. (2015). What you see is not always what you get: a qualitative, comparative analysis of ex ante visualizations with ex post photography of landscape and architectural projects. *Landscape and Urban Planning,* 142, 136–146.

Dragenberg, R. (1999). *Helhedsplan for Assistenskirkegaarden og Ansgaranlaegget i Odense.* Section for Landscape, Royal Danish Veterinary and Agricultural University. Master's thesis. Unpublished.

Drysek, J. (1990). *Discursive democracy: politics, policy, and political science.* Cambridge: Cambridge University Press.

Drysek, J. (2000). *Deliberative democracy and beyond: liberals, critics, contestations.* Oxford: Oxford University Press.

Dwyer, J. & Hodge, I. (2001). The challenge of change: demands and expectations for farmed land. In T.C. Smout (Ed.), *Nature, landscape and people since the second world war* (pp. 117–134). East Linton: Tuckwell Press.

Egoz, S., Makhzoumi, J., & Pungetti, G. (2011). *The right to landscape: contesting landscape and human rights.* Aldershot: Ashgate.

Ehrle, F. (1932). *Roma al tempo di Benedetto XIV; la pianta di Roma di Giambattista Nolli del 1748.* Città del Vaticano, Biblioteca Apostolica Vaticana.

Emmelin, L. (1996). Landscape impact analysis: a systematic approach to landscape impacts of policy. *Landscape Research,* 21 (1), 13–35.

Etting, V. (1995). *Paa opdagelse i kulturlandskabet.* Copenhagen: Danish Forest and Nature Agency, Ministry of Environment and Gyldendal.

European Commission (2006). *Rural Development 2007–2013. Handbook on Common Monitoring and Evaluation Framework Guidance Document.* Brussels: European Commission, DG Agriculture.

European Environmental Agency. (2014). *Distribution of NATURA 2000 sites across the EU, 2012.* Copenhagen: EEA.

European Landscape Convention, C.o.E. (2000). *Den europaeiske landskabskonvention,* Firenze.

Fischer, F. & Forester, J. (Eds.). (1993). *The argumentative turn in policy analysis and planning*. Raleigh, NC: Duke University Press.

Forester, J. (1989). *Planning in the face of power*. Berkeley: University of California Press.

Forman, R.T.T. (1995). *Land mosaics: the ecology of landscape and regions*. Cambridge: Cambridge University Press.

Forman, R.T.T. & Godron, M. (1986). *Landscape ecology*. New York: John Wiley & Sons.

Framstad, E. & Lid, I.B. (1998). *Jordbrukets kulturlandskap. Forvaltning av miljoeverdier*. Oslo: Universitetsforlaget.

Frandsen, K.-E. (1983). *Vang og taegt: studier over dyrkningssystemer og agrarstrukturer i Danmarks landsbyer 1682–83*. Esbjerg: Bygd.

Friedmann, J. (1987). *Planning in the public domain*. Princeton: Princeton University Press.

Fry, G., Tveit, M., Ode, A., & Velarde, M.D. (2009). The ecology of visual landscapes: exploring the conceptual common ground of visual and ecological landscape indicators. *Ecological Indicators*, 9 (5), 933–947.

Gehl, J. & Svarre, B. (2013). *How to study public life*. Washington, DC: Island Press.

GEUS (2016). *Maps of Denmark – height and depth map. Terrain model of catchment area Storaa, DK*. Geological Survey of Denmark and Greenland, GEUS.

Giddens, A. (1990). *The consequences of modernity*. Cambridge: Polity Press.

Gobster, P., Nassauer, J., Daniel, T.C., & Fry, G. (2007). The shared landscape: what does aesthetics have to do with ecology? *Landscape Ecology*, 22 (7), 959–972.

Gosling, D. (1996). *Gordon Cullen – visions of urban design*. London: Academy Editions.

Gustavsson, R. (1986). Struktur i Lövskogslandskap. *Stad & Land*, 48, 108–110.

Hägerstrand, T. (1993). Samhälle och natur. *NordREFO*, (1), 14–59.

Hall, P. & Tewdwr-Jones, M. (2010). *Urban and regional planning*, 5th ed. London: Routledge.

Harrop, D.O. & Nixon, J.A. (1999). *Environmental assessment in practice*. London: Routledge.

Healey, P. (1993). Planning through debate: the communicative turn in planning theory. In F. Fischer & J. Forester (Eds.), *The argumentative turn in policy analysis and planning* (pp. 233–253). London: UCL Press.

Healey, P. (1998). Collaborative planning in a stakeholder society. *The Town Planning Review*, 69 (1), 1–21.

Healey, P. (2009). In search of the "strategic" in spatial strategy making. *Planning Theory & Practice*, 10 (4), 439–457.

Hester, R.T. (1984). *Planning neighbourhood space with people*. New York: Van Nostrand Reinold, Co.

Higuchi, T. (1983). *The visual and spatial structure of landscapes*, 3rd ed. Cambridge, UK: MIT Press.

Holling, C.S. (1978). *Adaptive environmental assessment and management*. London: John Wiley & Sons.

Howard, P. (2011). *An Introduction to Landscape*. Surrey: Ashgate.

Hulse, D.W., Gregory, S.V., & Baker, J.P. (2002). *Willamette River Basin planning atlas: trajectories of environmental and ecological change*. Corvallis, Oregon: Oregon State University Press.

Ingold, T. (2000). *The perception of the environment: essays on livelihood, dwelling and skill*. London: Routledge.

IUSS Working Group WRB (2014). *World reference base for soil resources: international soil classification system for naming soils and creating legends for soil maps* (World Soil Resources Reports No. 106). Rome: FAO.

Jackson, J.B. (1984). *Discovering the vernacular landscape*. New Haven and London: Yale University Press.

Jacobs, J. (1961). *The death and life of great American cities*. Vintage Books.

Jacobsen, P.R., Hermansen, B., & Tougaard, L. (2011). *Danmarks digitale jordartskort 1:25.000. Version 3.1* (Report 2011/40). Copenhagen: GEUS, Geological Survey of Denmark and Greenland.

Jay, S., Jones, C., Slinn, P., & Wood, C. (2007). Environmental impact assessment: retrospect and prospect. *Environmental Impact Assessment Review*, 27 (4), 287–300.

Jensen, K. & Thomsen, H. (1986). *Planlaegning af bynaere moser*. Forest & Landscape, Royal Danish Veterinary and Agricultural University. Master's thesis. Unpublished.

Jensen, K.M. & Kuhlman, H. (1971). *Danmarks Geografi. Kort oevelsesvejledning*. Department of Geography, University of Copenhagen. Unpublished.

Jensen, K.M. & Reenberg, A. (1980). *Dansk Landbrug. Udvikling i produktion og kulturlandskab*. Copenhagen: Geografisk Centralinstitut.

Jensen, L.H. (2006). Changing conceptualization of landscape in English landscape assessment methods. In B. Tress, G. Tress, G. Fry, & P. Opdam (Eds.), *From landscape research to landscape planning* (pp. 161–171).

Joergensen, I., Primdahl, J., & Stahlschmidt, P. (1997). *Landskabsplan for Kvols-Kvosted*. Copenhagen: Department of Economics, Forest & Landscape, Royal Danish Veterinary and Agricultural University.

Joersboe, F. (1999). Vejledning i fremstilling af terraenmodeller. Section for Landscape, Department of Economics, Forest & Landscape, Royal Danish Veterinary and Agricultural University. Unpublished.

Jones, M. (2003). The concept of cultural landscape: discourse and narratives. In Palang, H. and Fry, G. (Eds.). *Landscape Interfaces*. Dordrecht: Klywer Academic Publishers, pp. 21–51.

Kemmis, S. & McTaggert, R. (2005). Participatory Action Research. Communicative Action and the Public Sphere. In Denzin, N.K. & Lincoln, Y.S. (Eds.). *The SAGE Handbook of Qualitative Research*. 3rd edition. London: Sage Publications, pp. 559–603.

Knudsen, T.T. (1999). *Renovering af boligbebyggelsen Folehaven i Valby*. Section for Landscape, Department of Economics, Forest & Landscape, Royal Danish Veterinary and Agricultural University. Master's thesis. Unpublished.

Kristensen, I.T. (2004). Digital visibility analysis. In V. Nellemann, V.J. Abildtrup, M. Gylling, & C. Vesterager (Eds.), *Landbrugsbygninger, landskab og lokal omraadeplanlaegning – metoder til landskabskaraktervurdering og oekonomivurdering* (pp. 57, 70). Hoersholm: Forest & Landscape.

Kristensen, L.S., Primdahl, J., & Vejre, H. (2015). Dialogbaseret planlægning i det åbne land – om strategier for kulturlandskabets fremtid. Copenhagen: Bogvaerket.

Landscape Institute (2013). *Guidelines for Landscape and Visual Impact Assessment*, 3rd ed. London: Routledge.

Linnet, S., Stahlschmidt, P., & Rask, M. (2009). Landskabet som del af kommuneplanlaegningen. *Byplan*, 62 (3), 16–25.

LUC (1999). *South Pennines Landscape Character Assessment*. Bradford: SCOSPA (Standing Conference of South Pennine Authorities).

Lynch, K. (1960). *The image of the city*. Cambridge, Massachusetts: MIT Press.

Lynch, K. (1972). *What time is this place?* Cambridge, Massachusetts: MIT Press.

Mabbutt, J.A. (1968). Review of concepts of land classification. In G.A. Stewart (Ed.), *Land Evaluation* (pp. 11–28). Melbourne: MacMillan.

McHarg, I. (1967). An ecological method for landscape architecture. *Landscape Architecture*, 57 (2), 105–107.

McHarg, I. (1969). *Design with nature*. Garden City, New York: Doubleday/Natural History Press.

Meyer, E. (2005). Site citations: the grounds of modern landscape architecture. In C. J. Burns & A. Kahn (Eds.), *Site matters: design concepts, histories, and strategies* (pp. 93–130). New York: Routledge.

Millennium Ecosystem Assessment (2005). *Ecosystems and human well-being: a framework for assessment*. Geneva: World Health Organization.

Ministry for Environment. (2006). A guide to preparing a basic assessment of environmental effects. MfE: Wellington, New Zealand. www.mfe.govt.nz/sites/default/files/media/RMA/aee-guide-aug06.pdf (accessed 24/11/16).

Mitchell, D. (2001). The lure of the local landscape studies and the end of a troubled century. *Progress In Human Geography, 25* (2), 269–281.

Mitchell, W. J. T. (1992). *Landscape and power*, 2nd ed. Chicago: University of Chicago Press.

Moeller, P. G., Stenak, M., & Thoegersen, M. L. (2005). Kulturmiljoeregistrering – i praksis. *Fortid og Nutid*, 2005 (3), 192–220.

Moen & Feste (1991). Kulturlandskabsanalyse – samlehefte: Planer for byutvikling Oppdal. In E. Framstad & I. B. Lid (Eds.), *Jordbrukets kulturlandskap. Forvaltning av miljoeverdier*. Oslo: Universitetsforlaget.

Mücher, S. & Wascher D. (2007). European Landscape Characterisation. In B. Pedroli, A. Van Doorn, G. De Blust, M. L. Paracchini, D. Wascher, & F. Bunce (Eds.), *Europe's living landscapes: essays on exploring our identity in the countryside* (pp. 37–43). Zeist: KNNV Publishing.

Nassauer, J. (1995). Messy ecosystems, orderly frames. *Landscape Journal*, 14 (2), 161–170.

Nassauer, J. (1997). *Placing nature: culture and landscape ecology*. Washington, DC: Island Press.

National Cooperative Highway Research Program (2013). *Evaluation of methodologies for visual impact assessments* (NCHRP Report 741). Washington, DC: National Academy of Sciences.

Nellemann, V. & Wainoe, U. (1992). *Vaerdifulde landskaber, Forslag til Regionplantillaeg nr. 4 for Roskilde Amt*. Roskilde County.

Nellemann, V., Abildtrup, V. J., Gylling, M., & Vesterager, C. (2004). *Landbrugsbygninger, landskab og lokal omraadeplanlaegning – metoder til landskabskaraktervurdering og oekonomivurdering* (Rep. No. 23). Forest & Landscape.

Nellemann, V., Andersen, E. B., & Kyhn, M. (2008). *Kommuneplanlaegning for fremtidens landbrugsbyggeri – Favrskov & Randers Kommuner*. Copenhagen: Realdania.

Nellemann, V., Moeller, K. H., Moeller, P. G., Primdahl, J., & Oeberg, A. S. (2015). Strategi for Karby Sogn – landskab og landsby. In L. S. Kristensen, J. Primdahl, & H. Vejre (Eds.), *Dialogbaseret planlaegning i det aabne land – om strategier for kulturlandskabets fremtid* (pp. 66–85). Copenhagen: Bogvaerket.

Nielsen, A. V. (1975). Landskabets tilblivelse. In *Danmarks natur, bind 1, landskabernes opstaaen* (pp. 251–341). Politikens Forlag.

Nijhuis, S., Lammeren, R. and Hoeven, F.v.d., eds. (2011). *Exploring the Visual Landscape. Advances in Physiognomic Landscape Research in the Netherlands*. Delft: ISO Press.

Nonaka, I. & Takeuchi, H. (1995). *The knowledge creating company: how Japanese companies create the dynamics of innovation*. Oxford: Oxford University Press.

OECD (1997). *Environmental indicators for agriculture: concepts and framework*. Paris: OECD.

Oeresundsforbindelsen. (1993). *Oeresund Landanlæg. Projektforslag marts 1993*. Report.

Oeresundsforbindelsen A/S. (1993). *Oeresund Landanlaeg. Projektforslag marts 1993. Arkitektur og landskab*. Oeresundsforbindelsen.

Olsen, I. A. & Stahlschmidt, P. (1975). Egnethedsanalyse for Skovbo Kommune. *Landskab*, (6), 111.

Olwig, K.R. (1996). Recovering the substantive nature of landscape. *Annals of the Association of American Geographers*, 86 (4), 630–653.

Olwig, K.R. (2002). *Landscape nature and the body politic: from Britain's renaissance to America's new world*. Madison: University of Wisconsin Press.

Olwig, K.R. (2005). The landscape of "customary" law versus that of "natural" law. *Landscape Research*, 30 (3), 299–320.

Ostrom, V. & Ostrom, E. (1971). Public choice: a different approach to the study of public administration. *Public Administration Review*, 31 (2), 203–216.

Oxford Dictionaries (2011). *Oxford Dictionaries*. Oxford: Oxford University Press.

Paludan, B., Nielsen, N.H., Jensen, L.N., Brink-Kjaer, A., Linde, J.J., & Mark, O. (2011). *En kogebog for analyser af klimaaendringers effekter paa oversvoemmelser i byer*. Skanderborg: Danva.

Pinto-Correia, T., Primdahl, J. and Pedroli, B. (forthcoming). *European Landscapes in Transition: implications for policy and practice*. Cambridge: Cambridge University Press.

Porsmose, E. (1987). *De fynske landsbyers historie – i dyrkningsfællesskabets tid*. Odense: Odense Universitetsforlag.

Potschin, M. & Haines-Young, R. (2006). "Rio+10", sustainability science and Landscape Ecology. *Landscape and Urban Planning*, 75 (3–4), 162–174.

Primdahl, J. & Kristensen, L.S. (2016). Landscape strategy making and landscape characterisation. *Landscape Research*, 41 (2), 227–238.

Primdahl, J., Kristensen, L.S., & Busck, A.G. (2013a). The farmer and landscape management: different roles, different policy approaches. *Geography Compass*, 7 (4), 300–314.

Primdahl, J., Kristensen, L.S., & Swaffield, S. (2013b). Guiding landscape change: current policy approaches and potentials of landscape strategy making as a policy integrating approach. *Applied Geography*, 42, 86–94.

Primdahl, J. & Swaffield, S. (2010). Globalisation and the sustainability of agricultural landscapes. In J. Primdahl & S. Swaffield (Eds.), *Globalisation and agricultural landscapes: change patterns and policy trends in developed countries* (pp. 1–15). Cambridge: Cambridge University Press.

Pugh, S. (1990). *Reading landscape: country, city, capital*. Manchester: Manchester University Press.

Ramirez, R. (1999). Stakeholder analysis and conflict management. In D. Buckles (Ed.), *Cultivating peace: conflict and collaboration in natural resource management* (pp. 101–126). Washington DC: IDRC and World Bank Institute.

Reason, P. & Bradbury, H. (2008). Introduction. In Reason, P. & Bradbury, H. (Eds.) *The SAGE handbook of action research: participative inquiry and practice*. Los Angeles: Sage.

Reed, M.S., Graves, A., Dandy, N., Posthumus, H., Hubacek, K., Morris, J., Prell, C., Quinn, C., & Stringer, L. (2009). Who's in and why? A typology of stakeholder analysis methods for natural resource management. *Journal of Environmental Management*, 90 (5), 1933–1949.

Repton, H. (1976). *The red books of Humphry Repton, Vols. 1–4*. Basilisk Press.

Ribe County & Vejle County (1998). *VVM-redegoerelse for Udvidelse af Billund Lufthavn*. Ribe and Vejle.

Rippon, S. (2004). *Historic landscape analysis: deciphering the countryside, Vol. 16*. Council for British Archaeology.

Robinson, D.G., Laurie, I.C., Wager, J.F., & Traill, A.L. (Eds.) (1976). Landscape evaluation – the landscape evaluation research project 1970–1975. Centre for Urban Regional Research, Manchester.

Roymans, N., Gerritsen, F., Van der Heijden, C., Bosma, K., & Kolen, J. (2009). Landscape biography as research strategy: the case of the South Netherlands project. *Landscape Research*, 34 (3), 337–359.

Sabatier, P. A. & Jenkins-Smith, H. C. (1993). *Policy change and learning: an advocacy coalition approach.* Boulder, Colorado: Westview Press.

Sasaki, H. (1950). Thoughts on education in landscape architecture: some comments on today's methodologies and purpose. *Landscape Architecture*, 40 (4), 158–160.

Schou, A. (1949). *Atlas over Danmark. Landskabsformerne*, 3rd ed. Copenhagen: H. Hagerup.

Schwartz, S. H. & Bilsky, W. (1987). Towards a unified psychological structure of human values. *Journal of Personality and Social Psychology*, 53 (3), 550–562.

Selman, P. (2004). Community participation in the planning and management of cultural landscapes. *Journal of Environmental Planning and Management*, 47 (3), 365–392.

Selman, P. H. (2006). *Planning at the landscape scale.* London: Routledge.

Selman, P. H. (2009). Planning for landscape multifunctionality. *Sustainability: Science, Practice, & Policy*, 5 (2), 45–52.

Shearer, A. W. (2005). Approaching scenario-based studies: three perceptions about the future and considerations for landscape planning. *Environment and Planning B: Planning and Design*, 32 (1), 67–87.

Sheppard, S. R., Shaw, A., Flanders, D., Burch, S., Wiek, A., Carmichael, J., Robinson, J., & Cohen, S. (2011). Future visioning of local climate change: a framework for community engagement and planning with scenarios and visualisation. *Futures*, 43 (4), 400–412.

Short, M., Baker, M., Carter, J., Jones, C., & Jay, S. (Eds.) (2013). *Strategic environmental assessment and land use planning: an international evaluation.* London: Earthscan.

Skive Municipality (2009). *Landskabsanalyse for Skive Kommune 09 – en intro, juli 2009.*

Smed, P. (1981). *Landskabskort over Danmark.* Brenderup: Geografforlaget.

Soenderjylland County (1999). *Kortbilag: Regionplan 1997–2008 – Miljoekonflikter.* Aabenraa.

Spirn, A. W. (1998). *The Language of Landscape.* New Haven: Yale University Press.

Stahlschmidt, P. (1992). Om rum. *Landskab*, (1), 14–21.

Stahlschmidt, P. (2001). *Metoder til landskabsanalyse.* Copenhagen: Groent Miljoe.

Stahlschmidt, P. & Nellemann, V. (2009). *Metoder til landskabsanalyse.* Copenhagen: Groent Miljoe.

Steenbergen, C. (2008). *Composing Landscapes: Analysis, typology and experiments for design.* Basel: Birkhauser Verlag.

Steenbergen, C. & Reh, W. (1996). *Architecture and landscape.* Bussenn: Prestel.

Steinitz, C. (1986) Foreword. In Forman, R. T. T. & Godron, M. *Landscape ecology.* New York: John Wiley & Sons, p. V.

Steinitz, C. (1990). A framework for theory applicable to the education of landscape architects (and other environmental design professionals). *Landscape Journal*, 9 (2), 136–143.

Steinitz, C., Parker, P., & Jordan, L. (1976). *Hand-drawn overlays: their history and prospective uses* (pp. 444–455). Landscape Architecture.

Stephenson, J. (2008). The cultural values model: an integrated approach to values in landscapes. *Landscape and Urban Planning*, 84 (2), 127–139.

Stevens, S. S. (1946). On the theory of scales of measurement. *Science*, 103 (2684), 677–680.

Stiles, R. (1992a). Determinism versus creativity. *Landscape Design* (July/August*)*.

Stiles, R. (1992b). The limits of pattern analysis. *Landscape Design* (September).

Strang, G. L. (1996). Infrastructure as landscape [infrastructure as landscape, landscape as infrastructure]. *Places*, 10 (3).

Swaffield, S. R. (2013). Empowering landscape ecology-connecting science to governance through design values. *Landscape Ecology* (2013) 28:1193–1201.

Swaffield, S. & McWilliam, W. (2014). Landscape aesthetic experience and ecosystem services. In J.R. Dymond (Ed.), *Ecosystem services in New Zealand – conditions and trends.* Lincoln, New Zealand: Manaaki Whenua Press.

Swanwick, C. (2002). *Landscape character asessment – guidance for England and Scotland.* Cheltenham: Countryside Agency and Scottish Natural Heritage.

Swanwick, C. (2004). The assessment of countryside and landscape character in England: an overview. In K. Bishop & A. Phillips (Eds.), *Countryside planning: new approaches to management and conservation* (pp. 109–124). London: Earthscan.

Termorshuizen, J. & Opdam, P. (2009). Landscape services as a bridge between landscape ecology and sustainable development. *Landscape Ecology*, 24 (8), 1037–1052.

Tetlow, M.F. & Hanusch, M. (2012). Strategic environmental assessment: the state of the art. *Impact Assessment and Project Appraisal*, 30 (1), 15–24.

Thing & Wainoe (2002). *Ny hoejklasset vej i Frederikssundfingeren: VVM-redegoerelse. Astetisk vurdering og visualisering. Rapport 251.* Danish Road Directorate.

Thompson, C.W. (2006). Patrick Geddes and the Edinburgh Zoological Garden: expressing universal processes through local place. *Landscape Journal*, 25 (1), 80–93.

Tress, B. & Tress, G. (2003). Scenario visualization for participatory landscape planning – a study from Denmark. *Landscape and Urban Planning*, 64 (3), 161–178.

Turner, T. (1991). Pattern analysis. *Landscape Design.* October 1991, 39–41.

Turner, T. (1996). *City as landscape – a post-postmodern view of design and planning.* London: Chapman & Hall.

Turner, T. (1998). *Landscape planning and environmental impact design.* London: Chapman & Hall.

Tveit, M., Ode, A., & Fry, G. (2006). Key concepts in a framework for analysing visual landscape character. *Landscape Research*, 31 (3), 229–255.

United Nations (1992). Rio declaration on environment and development. Report of the United Nations conference on Environment and Development. Rio de Janeiro, 3–14 June 1992. www.un.org/documents/ga/conf151/aconf15126-1annex1.htm (accessed 9/5/2011).

Van Eetvelde, V. & Antrop, M. (2009). Indicators for assessing changing landscape character of cultural landscapes in Flanders (Belgium). *Land Use Policy*, 26 (4), 901–910.

Varming, M. (1970). *Motorveje i Landskabet.* Copenhagen: Danish Building Research Institute.

Vervloet, J.A.J. (1984). *Inleiding tot de historische geografie van de Nederlandse cultuurlandschappen.* Wageningen: Pudoc.

Viborg County (1974). *Landskabsanalyse for Viborg Amt.* Viborg.

Vicenzotti, V., Jorgensen, A., Qviström, M., & Swaffield, S. (2016). Forty years of landscape research. *Landscape Research*, 41 (4), 388–407.

Vägverket (1994). *Öresundsforbindelsen Malmö. Ytre Ringvägen, Järnvägen, Broanslutningen.* Kristianstad: Arkitektur och landskap.

Vos, W. & Stortelder, A. (1992). *Vanishing Tuscan landscapes. Landscape ecology of a Submediterranean-Montana area.* Wageningen: Puduc Scientific Publisher.

Warnock, S. & Brown, N. (1998). EA and visual assessment: a vision for the countryside. *Landscape Design* (April).

Wilson, W. (1887). The Study of Administration. *Political Science Quarterly* Vol. 2, No. 2: pp. 197–222

Winchester, S. (2001). *The map that changed the world: William Smith and the birth of modern geology.* New York: Harper Collins.

Wood, C. (2003). *Environmental impact assessment: a comparative review.* Pearson Education.

Wood, R. & Handley, J. (2001). Landscape dynamics and the management of change. *Landscape Research*, 26 (1), 45–54.

Wylie, J. (2007). *Landscape*. London: Routledge.

Zonneveld, I.S. (1995). *Land Ecology*. Amsterdam SPB Academic Publishng.

Zonneveld, I.S. (1995). *Land Ecology: An introduction to landscape ecology as a base for land evaluation, land management and conservation*. The Hague, NL: SPB Academic Publishing.

Zube, E.H., Sell, J.L., & Taylor, J.G. (1982). Landscape perception: research, application and theory. *Landscape Planning*, 9 (1), 1–33.

词汇表

Action-oriented analysis is analysis that is guided by a specific planning task such as assessment of a proposed development.

Alternative futures is a term used to illustrate future situations that might result from different projections or scenarios (Shearer 2005).

Analysis is the 'detailed examination of the elements or structure of something' (Oxford Dictionaries, 2011).

Biophysical attributes are the specific conditions in a particular landscape such as terrain, elevation, soil types, wetlands and waterway networks, vegetation and habitat, built infrastructure, etc.

Character is 'a distinct, recognisable and consistent pattern of elements in the landscape' (Swanwick 2002) that makes one landscape area different from another.

Characteristics are the 'elements, or combinations of elements, which make a particular contribution to distinctive character' (Swanwick 2002).

Communities of interest are people who share a material, financial, spiritual or other interest in the outcomes of landscape management and landscape change.

Communities of place are the people who live together in a particular place or landscape.

Communities of practice are people who share distinctive knowledge, skills and habits of action.

Composite classification map is a map in which all the thematic layers are combined.

Constraints are limitations on a proposed development due to landscape conditions:

- *Definitive site constraint* is one which logically or absolutely precludes the given development.
- *Relative site constraint* detracts from the options without actually precluding them.

Contours are lines on a map that connect locations with the same topographic elevation above a base datum.

- *Contour density* describes how relatively close together the contour lines are at the given scale, and this indicates how steep the terrain is – its amplitude.
- *Distinct contour density* indicates that the terrain is changing vertically in different directions over short distances.
- *Contour Parallelism* indicates where the terrain is changing in uniform ways.
- Short *contour length* indicates that there are many small humps and hollows.
- *Contour Direction* indicates in what way the terrain is oriented (north, east, etc.).

All moderated from Jensen and Kuhlman (1971):
Danmarks Geografi. Kort oevelsesvejledning.

Development may be a new element or a new object in a landscape, such as a building, a road, a windmill or a power cable. It may also be a new primary land use, such as residential areas, parks, agriculture, etc. It may be a new secondary land use, such as recreational hiking. Finally, it may be a new area designation that reflects the goals of the public administration, such as a nature conversation reserve, or a ground-water protection area.

Environmental assessment (EA), *environmental impact assessment* (EIA*), assessment of environmental effects* (AEE) and *impact assessment* (IA) are processes that have been developed to assess the environmental consequences of 'proposed activities that are likely to have significant adverse impacts on the environment and are subject to a decision of a competent national authority' (United Nations 1992, Annex 1: Principle 17).

Equivalent area classification is classification of landscapes that takes place on one level of generality, and each area constitutes a geographical unit.

Eye-level analysis is a horizontal cross section – or a cross section that follows the movements of the terrain – at eye level.

Figure ground analysis simplifies the vertical dimension of a plan into two layers. The *figure* layer shows the presence of the phenomenon that the analysis intends to highlight. The *ground* layer is the background where the highlighted features are absent – typically this is the surface terrain.

Futures analysis is the term used to refer to analysis of possible drivers and effects of larger-scale dynamics or policy decisions (Baker and Landers 2004).

Geology is the underlying structure of the earth.

Geomorphology is the branch of geology that deals with the earth's surface and refers to the study of surface terrain and its formation.

A *homogeneous region* is an area with homogeneity in its biophysical and cultural character.

Knowledge may be of several kinds (after Nonaka and Takeuchi 1995):

- *Tacit knowledge* is embedded in the everyday practice of individual landscape architects – it is their expertise.
- *Operational knowledge* is when this tacit knowledge is written down into practical 'how to' guidance.

- *Conceptual knowledge* is the ideas of the profession – concepts that help shape understanding and practice, and that inspire.
- *Systematic knowledge* is that which is produced through research.

Land cover is 'the observed (bio)physical cover on the earth's surface' (Di Gregorio and Jansen 2000).

Land use is 'the arrangements, activities and inputs people undertake in a certain land-cover type to produce, change or maintain it' (Di Gregorio and Jansen 2000).

Landscape is 'an area, as perceived by people, whose character is the result of the action and interaction of natural and/or human factors' (European Landscape Convention 2000).

Landscape analysis is an examination of a landscape with the purpose of understanding its character, structure and function, in order to make policy, planning or design decisions concerning its future condition and management.

Landscape character is the particular interaction between the natural factors and the land cover in a landscape area as well as the particular spatial and visual factors that characterise the area and make it different from the surrounding landscapes.

Landscape character assessment (LCA) is an identification, classification and characterisation of landscape character areas, and enable judgements about their state and potentials.

Landscape elements are the 'individual components which make up the landscape', such as trees and hedgerows (Swanwick 2002).

Landscape features are 'particularly prominent or eye-catching elements', like tree clumps, church towers, or wooded skylines (Swanwick 2002).

Natural factors are the fundamental natural drivers that shape the underlying structure and dynamics of landscape systems – climate, geology and geomorphology, hydrology and ecology.

Nested hierarchical area classification takes place on two or more levels, so that each of the general areas is divided into smaller areas on a more detailed level.

Planning is 'linking knowledge to action' (Friedmann 1987).

Potentials analysis is analysis undertaken when the location is given and the analysis question is 'for what functions is the landscape best suited?'

Procedural theories explain how the planning process should be organised (Hall and Tewdwr-Jones 2010).

Projection is a forecast of change based on a defined set of expected relationships, which sets out the future trajectory of a landscape if the current trends continue for a shorter or longer period of time.

Region is 'an area, especially part of a country or the world having definable characteristics but not always fixed boundaries' (www.oxforddictionaries.com).

A *scenario* is a more open assumption about the conditions or decisions that will shape the future – such as current development trends and specific interventions by public and private actors.

Selection is 'the action or fact of carefully choosing someone or something as being the best or most suitable' (Oxford Dictionaries 2011).

Serial vision is a point-by-point depiction of a route through the landscape by means of photos, CAD drawings or free-hand drawings.

Site is 'an area of ground on which a town, building, or monument is constructed' (Oxford Dictionaries 2011).

Site-selection analysis is a systematic search for and selection of possible sites for an intended development.

Situation analyses gain knowledge and understanding of a landscape in advance of any specific proposals, and are not linked to specific plans or actions.

Soil is 'any material within 2 m of the Earth's surface that is in contact with the atmosphere, excluding living organisms, areas with continuous ice not covered by other material, and water bodies deeper than 2 m' (IUSS Working Group WRB 2014).

A *spatial analysis* is a study of the spatial relationships of a landscape. It deals with the relative location and significance of different patterns, elements and features in the landscape, and how we experience the landscape through our senses and through movement and physical engagement.

Spatial language as defined by Lynch (1960):

- *Paths*: Channels along which the observers move. Depending on scale they can be railroads, roads or trails, etc.
- *Edges*: Linear elements not used as paths. They are boundaries, visual barriers, or linear breaks such as shores or walls. They may be more or less penetrable.
- *Districts*: Medium- to large-size patches which have special meanings or functional significance to the observer; areas with identifying character.
- *Nodes*: Point elements which can be entered and which have strategic significance to the observers – places where people meet, concentrations of events, transportation centres, crossing points, etc.
- *Landmarks*: Point references which are not entered such as a tall distinctive building, a special tree, a special façade or, at larger scale, a mountain. Landmarks are important orientation points for the observer moving in the landscape.

Spatial requirements express whether the size or the conditions of an area are sufficient for a given purpose, and what spatial capacity, capabilities, potentials and sensitivities the structure of the landscape offers for the proposed project.

Stable landscape means that under the current conditions – in terms of use, society and nature – the landscape area appears to have found a harmonious form.

Strategic impact assessment is a 'family of tools' intended to assess the impacts of public policies, plans and programmes before particular projects have been formulated (after Tetlow and Hanusch 2012).

Strength of character is the presence and clarity of the essential landscape elements and spatial-visual factors, that is, key characteristics in the various parts of the area.

Substantive theories explain what planning is or should be about, what the content of good places should be, and what planning solutions should look like.

Synthesis　is putting things together.

Tesserae　are the smallest, homogeneous areas visible at the landscape scale.

Thematic approach　is when the project area is divided into a series of formal single-factor areas.

Topographic approach　is a process of establishing formal multiple-factor homogeneous areas.

Values　are 'concepts or beliefs about outcomes that transcend specific situations, guide evaluation and action, and are typically ordered in relative importance' (Schwartz and Bilsky 1987).

Visual catchment　is the total area that is visible for a person situated at a certain viewpoint.

Zone of visual influence　is the total area from which a building or other object, existing or intended, is visible.

索　引

译后记

分析意味着将整体拆分开来，"对事物的要素或结构进行细致审视"（detailed examination of the elements or structure of something），以加深理解，形成见解。景观分析实践古已有之，一直是人们观察自然、阐释环境的重要方式。如明代《燕都游览志》描述道："银锭桥在北安门海子桥之北，此城中水际看西山第一绝胜处也。桥东西皆水，荷芰菰蒲，不掩沦漪之色。南望宫阙，北望琳宫碧落，西望城外千万峰，远体毕露，不似净业湖之逼且障目也。"这段话便是从选址、空间、视线、风景特征等方面，剖析了燕京小八景"银锭观山"衔西山、扼近水的风景佳构。

在社会经济快速变迁的当代，分析景观更是为理性地判断变化、辨识问题并作出科学应对提供了关键依据和思想基础。当前，我们的生存或生活环境具有无比的多样性和复杂性，且无时无刻不在发生剧烈或微妙的变化。为此，如何进行精准有效的分析，从而挖掘空间和场所的特质并利用其改善与提升环境品质，是景观研究与实践所面临的挑战。《景观分析——发掘空间与场所的潜力》这本书给出了它的回应。

全书概述了针对不同实践阶段、不同目标和场景的景观分析方法与技术，以相应尺度和类型的案例作为分析标准和应用示范，所选取的案例都具有清晰的分析目标、科学的分析方法以及系统的分析过程。具体内容包括：景观价值分析、自然要素分析、历史分析、空间分析、景观特征评估分析、选址和景观潜力分析、影响评估和发展分析等。一方面，书中所介绍的方法和技术简明实用且易于操作，适用于各个阶段的风景园林从业者，是极具实用性的实践指导。另一方面，书中所阐述的分析视角、收集数据的系统方法、分析展开的过程、分析结果的整理与表达，以及如何通过分析创造新的知识从而为研究和实践贡献思路和智慧，都极具启发性和现实意义。比照近年来专业的发展现状不难发现，研究性分析正从一开始配合设计与实践的角色，慢慢成为风景园林专业所具备的重要特征和标签。

当下，研究性越来越成为专业介入实践的普遍特征，风景园林人必须拿出更高水准的设计实践，给出更加准确的专业意见。因此，正如文末作者所谈到的，通过"提出有价值的问题来建构分析过程"，从而"培植一种'研究'的专业文化，树立知识创造助力设计实践的观念"变得尤为迫切。希望本书的译介能够为此助力，帮助风景园林师生和从业者们拓宽专业视野，提供必要的方法借鉴。我们有理由相信，不断走向实证的、方法体系不断完善创新的风景园林专业，将更好地服务于人居环境的可持续发展。

书稿的翻译工作始于新冠疫情爆发之前。疫情之下，沉浸在阅读、译解与思考中，时间仿佛特别快，一转眼不知不觉已历时近三年。经多轮校注之后终于定下的译稿，相比最初的文字已全然不同，宛如疫情前后的生活，令人感叹！其间，重庆大学风景园林专业的金理想（第1—3章）、杨露（第4、5章）、陈烨（第7、8章）、陈安琪（第6、9章）等同学辅助整理了部分初稿，承担了大量基础性工作。翻译过程中，译者力求在准确契合原作者表意的基础上，让本书内容更加易读和可解，谬误在所难免，望专家读者们不吝指正。

译者
2022年春分
于重庆沙坪坝

图 1.1

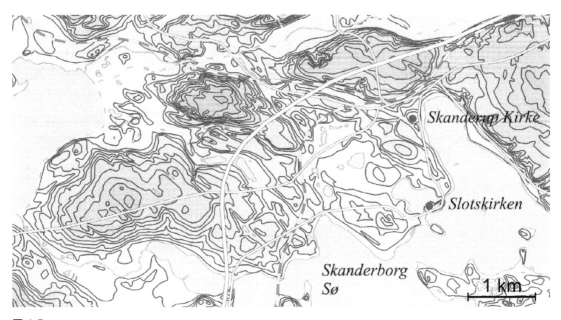

图 1.5

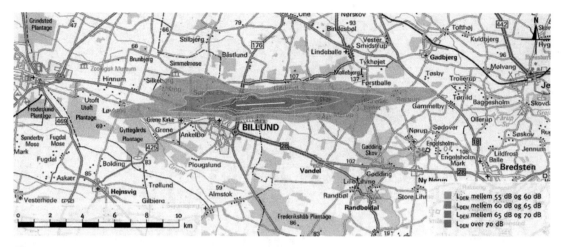

图 1.6

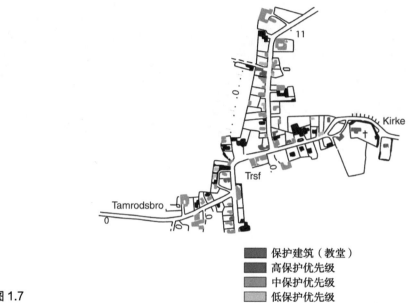

保护建筑（教堂）
高保护优先级
中保护优先级
低保护优先级

图 1.7

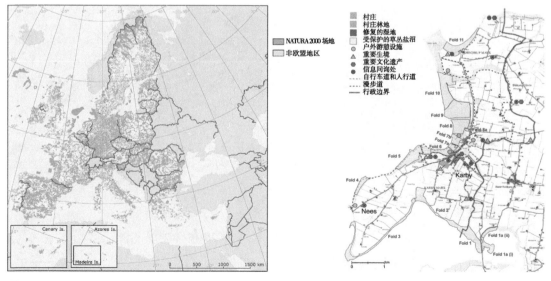

图 2.1

图 2.4

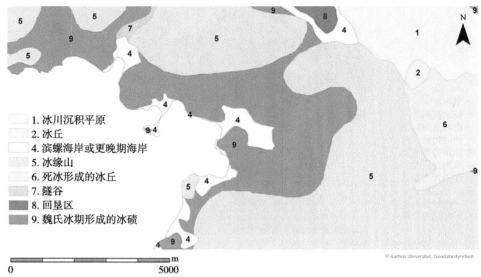

图 3.4

1. 冰川沉积平原
2. 冰丘
4. 滨螺海岸或更晚期海岸
5. 冰缘山
6. 死冰形成的冰丘
7. 隧谷
8. 回垦区
9. 魏氏冰期形成的冰碛

0   5000 m

© Aarhus Universitet, Geodatastyrelsen

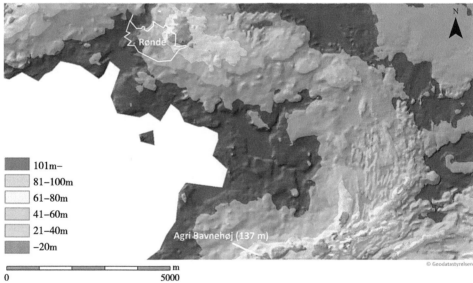

图 3.5

101m–
81–100m
61–80m
41–60m
21–40m
–20m

0   5000 m

© Geodatastyrelsen

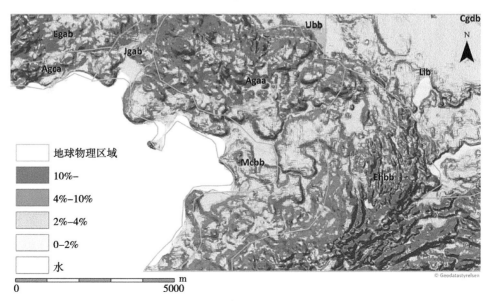

图 3.7

地球物理区域
10%–
4%–10%
2%–4%
0–2%
水

0   5000 m

© Geodatastyrelsen

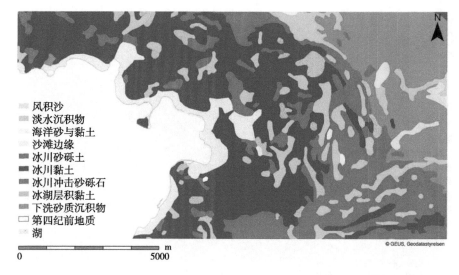

风积沙
淡水沉积物
海洋砂与黏土
沙滩边缘
冰川砂砾土
冰川黏土
冰川冲击砂砾石
冰湖层积黏土
下洗砂质沉积物
第四纪前地质
湖

0   5000   m

图 3.8

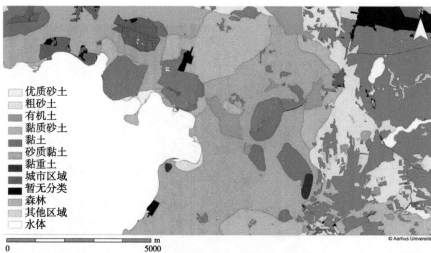

优质砂土
粗砂土
有机土
黏质砂土
黏土
砂质黏土
黏重土
城市区域
暂无分类
森林
其他区域
水体

0   5000   m

图 3.10

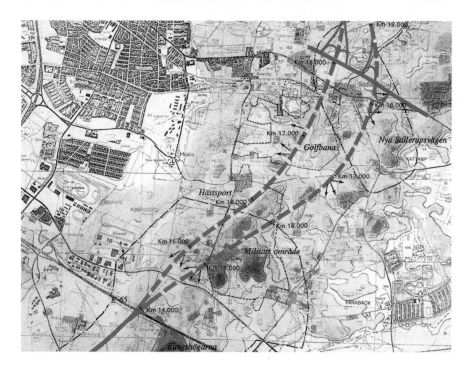

图 3.12

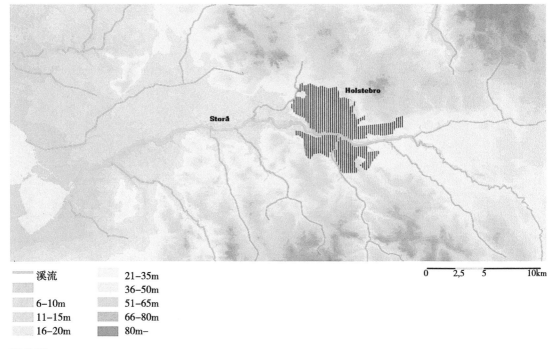

溪流	21–35m	
	36–50m	
6–10m	51–65m	
11–15m	66–80m	
16–20m	80m–	

0 2,5 5 10km

图 3.20

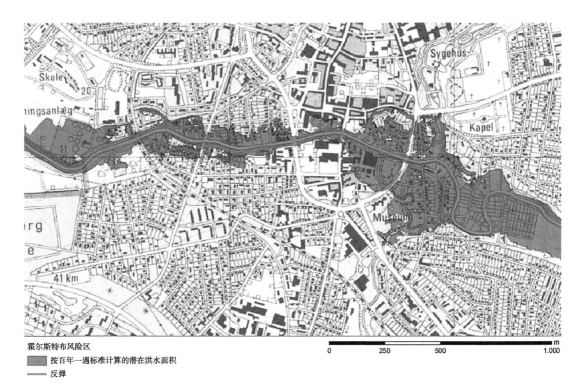

霍尔斯特布风险区
按百年一遇标准计算的潜在洪水面积
反弹

0 250 500 1.000 m

图 3.21

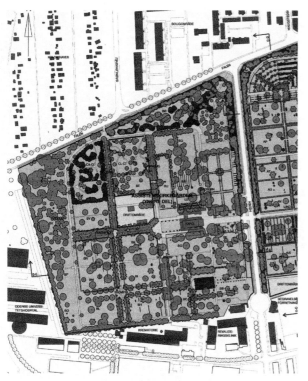

落叶树 ● 　通道式树篱 ▬▬
松柏树 ◆ 　2m 以上的树篱 ▬
密集植被群 ● 　2m 以下的树篱 ─
墓穴旁 15m 以 　栅栏 ┅┅
上的植被 　铺装 ▨
　　　　　　草地 ▨

图 3.25

维京时代，约 900 年

约 1634 年

图 4.8

20 世纪 50 年代

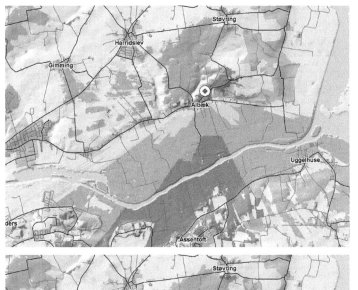

图 5.4

土地利用

☐ 建成区

☐ 云杉林

■ 落叶林

视觉影响范围（农场
建筑选址可见范围）

☐ 完全可见

■ 部分可见（建筑超过
5m 以上可见）

☐ 不完全可见（建筑超
过 10m 以上可见）

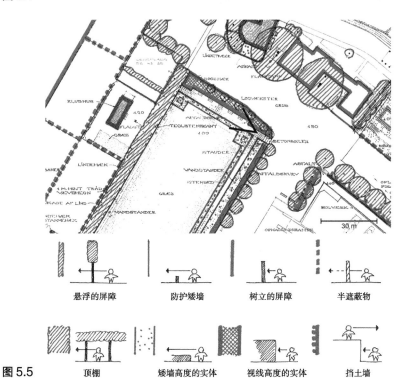

图 5.5

悬浮的屏障　　防护矮墙　　树立的屏障　　半遮蔽物

顶棚　　矮墙高度的实体　　视线高度的实体　　挡土墙

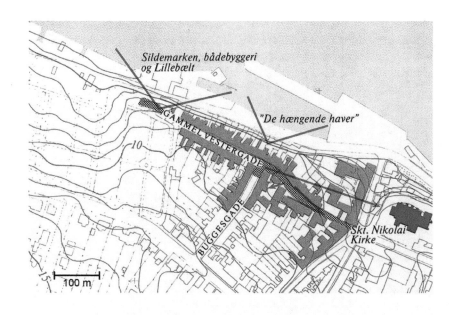

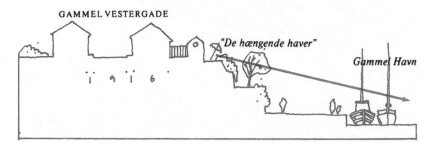

图 5.11

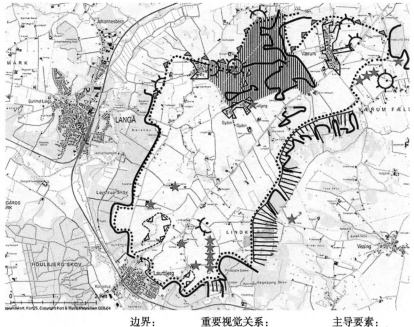

边界：　　　　重要视觉关系：　　　　主导要素：

•••• 景观特征区域边界　　⊔⊔⊔ 小山坡　　　☼ 视点和视域　　　★ 居住和教育设施

||||| 提供特殊视觉品质　　▲▲ 谷顶
　　　的对比分区　　　　 ▽ 森林
　　　　　　　　　　　 ◁ 城镇

图 5.13

图 6.4

特征区域
（国家 / 地区级别）
联合特征区域 36– 南奔宁山脉
（来自：《英格兰的特征》）

特征类型
（郡县 / 区级）
荒原山丘

特征类型
（郡县 / 区级）
南奔宁山脉景观

A	高海拔荒原
B	荒原山丘
C	围合的高地
D	高山牧草地边缘的荒原
E	乡村边缘
F	有人居住的山谷
G	树木茂密的乡村山谷
H	广阔的低地山谷
I	西奔宁山脉研究山谷
J	起伏的高地农田
K	城市边缘的农田

特征区域
（郡县 / 区级）
罗姆巴尔兹山

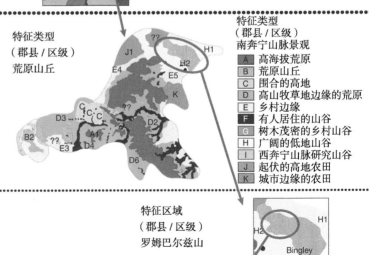

特征类型（假设）
（地方级）
1. 荒原顶部
2. 草原边缘
3. 复杂的荒原斑块

特征类型（假设）
（地方级）
罗姆巴尔兹山山顶

图 6.5

LCA (DK)

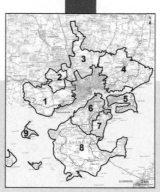

景观特征描述
初步研究
自然地理分析
文化地理分析
空间视觉分析
特征区域的分类、制图和描述

景观评价
景观特征的强度
特别的视觉体验
景观特征的状态
景观特征的敏感度

景观策略
关键景观特征的描述
区划和政策目标
行动建议

市政规划实施
总体结构
规划指南
地方规划条款

图6.10

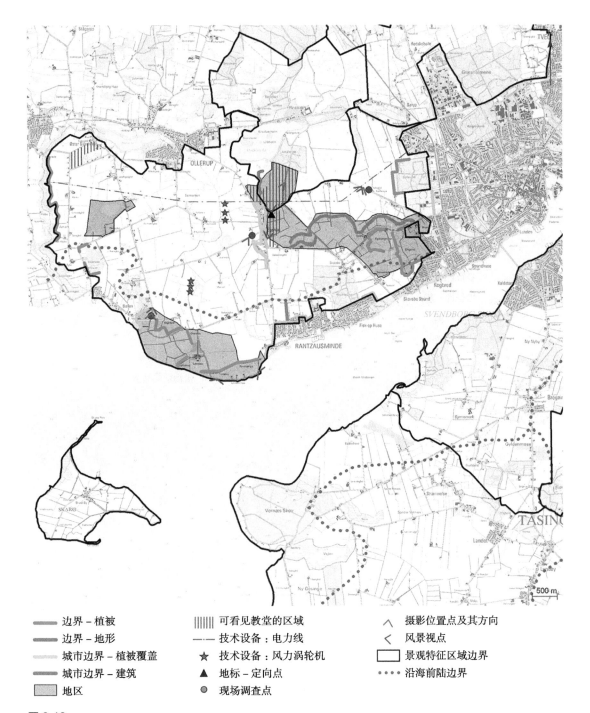

▬▬▬ 边界 – 植被	‖‖‖ 可看见教堂的区域	⌃ 摄影位置点及其方向
▬▬▬ 边界 – 地形	—‧— 技术设备：电力线	⌃ 风景视点
▬▬▬ 城市边界 – 植被覆盖	★ 技术设备：风力涡轮机	▭ 景观特征区域边界
▬▬▬ 城市边界 – 建筑	▲ 地标 – 定向点	••••• 沿海前陆边界
▨ 地区	● 现场调查点	

图 6.13

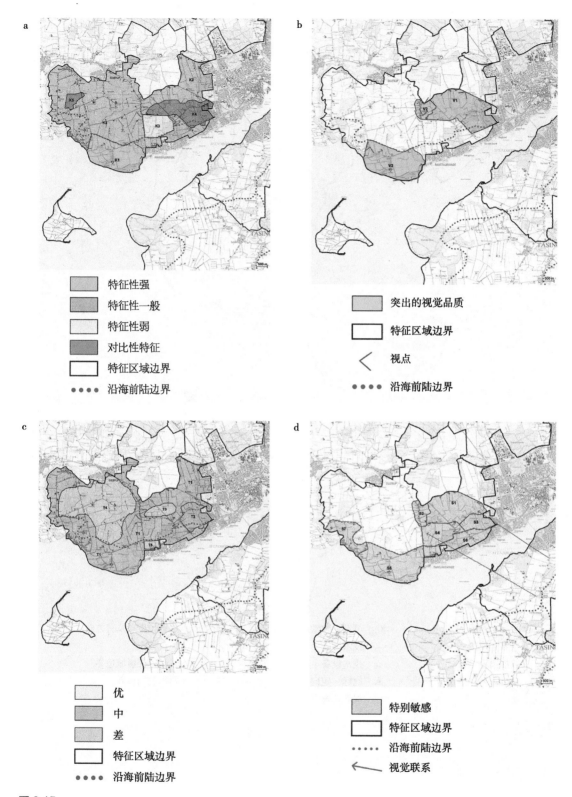

图 6.15

图 6.16

保护
保护和提高
维护
维护和提高
创造
特征区域边界
•••• 沿海前陆边界

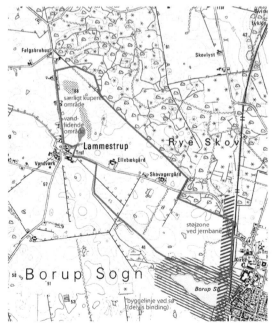

图 7.17

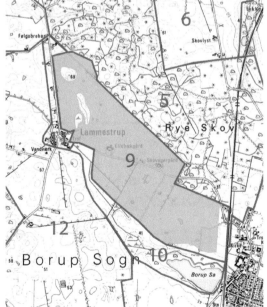

图 7.18

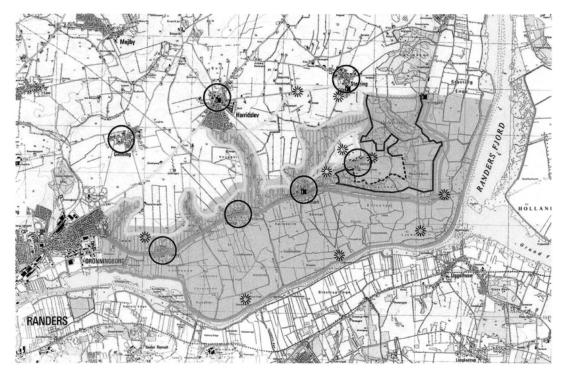

图 7.19

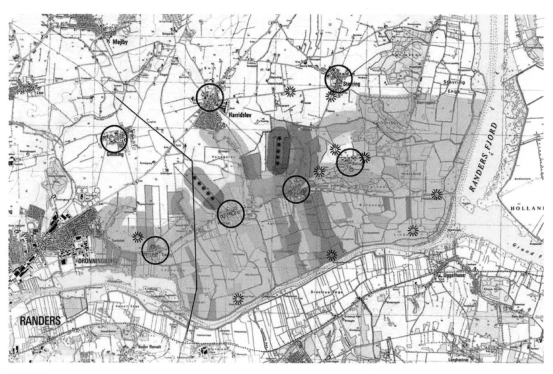

图 7.20

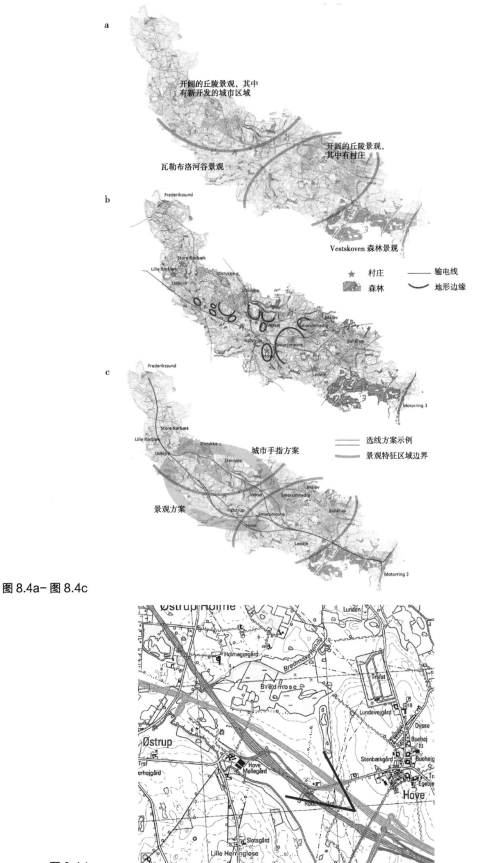

a

开阔的丘陵景观，其中
有新开发的城市区域

开阔的丘陵景观，
其中有村庄

瓦勒布洛河谷景观

b

Frederikssund

Vestskoven 森林景观

Store Rørbæk
Lille Rørbæk
Udlejre

Ølstykke
Stenløse

★ 村庄 ——— 输电线
森林 地形边缘

Veksø
Smørumnedre
Østrup Smørumøvre
Hove
Ballerup
Ledøje

c

Frederikssund

Motorring 3

Store Rørbæk
Lille Rørbæk
Udlejre

Ølstykke 城市手指方案
Stenløse

选线方案示例
景观特征区域边界

Veksø
Smørumnedre
Østrup Smørumøvre
Hove
景观方案
Ledøje
Ballerup

Motorring 3

图 8.4a- 图 8.4c

图 8.4d

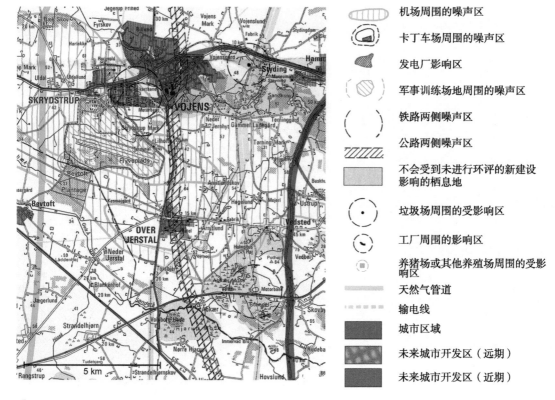

	机场周围的噪声区
	卡丁车场周围的噪声区
	发电厂影响区
	军事训练场地周围的噪声区
	铁路两侧噪声区
	公路两侧噪声区
	不会受到未进行环评的新建设影响的栖息地
	垃圾场周围的受影响区
	工厂周围的影响区
	养猪场或其他养殖场周围的受影响区
	天然气管道
	输电线
	城市区域
	未来城市开发区（远期）
	未来城市开发区（近期）

图 8.8